写真で見る伐倒技能の良否

　本書では、伐木のメカニズムを読み解くにあたって、受け口・追い口・ツルにスポットを当てます。それらの切り方は伐木の結果にどのような影響を与えるのでしょうか。いくつかのポイントに沿って写真で見ていきましょう。

正しく伐倒できた伐根

スギの理想的な伐根

　スギの理想的な切り株です。樹芯に近いところにツルがあるので年輪の接線方向の傾きが伐倒方向とほぼ同じ方向を向いています。このような時はツルのちぎれ方がきれいなことが多いような気がします。また、樹芯を的確に捉えて芯抜きがされています。

　なお、スギでは斧目（口絵2）は必要のないことが多いようです。

関連内容 ➡ 本書 106 ページ

斧目の効果

斧目を入れずに伐倒したヒノキ

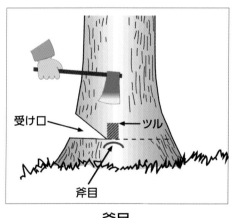

斧目

受け口や追い口を正しく作成しても樹種によってはトラブルを起こす場合があります。写真はヒノキですが、ツルの端が根張り方向に向かって裂けて、切れずに残っています。場合によっては、ちぎれ残ったツルの端によって引っ張られ、伐倒方向がズレる原因となります。特別教育のテキストで「根元切り」「斧目」「耳きり」、海外では「コーナーカット」と呼ばれる切り込みは、このような現象を防ぐためにヒノキなどの繊維が強い樹種で行うものです。次の写真のように斧目はチェーンソーを使って切り込んでも良いです。

斧目

斧目で根張りへの裂けが止まった

斧目を入れて伐倒したヒノキの伐根

これらは斧目が効果的に機能したヒノキの切り株です。ツルの残り方を含め、優れた技能によって伐倒されたことが分かります。

斧目を入れずに伐倒したスギの伐根

スギ大径木（伐根径67cm）の伐根。スギでは、根張りが大きくなければ斧目は必要のないことが多いようです。

斧目を入れ、芯切りして伐倒したヒノキの伐根

スギと比較してヒノキは縦方向の強度が強いため、斧目（コーナーカット）と芯切りを行い、ツルが小さくなっても正しく倒れます。

関連内容 ➡ 本書52ページ

裂け上がり①

裂け上がりの状況

受け口方向に枝が偏ってついている（伐倒方向に偏心している）ヒノキの裂け上がりです。ツル幅は、伐根径47cmの約1/10である5cmとし追いヅル切りで伐倒しました。ほぼ規定の寸法で受け口と追い口とツルを作成しましたが、正しく倒れませんでした。

受け口がふさがると幹には曲げ応力がかかります。この力は受け口がふさがった時からツルが切れるまでかかることになりますので、ツルが切れにくいと大きな曲げ応力がかかります。また、この木は重心が伐倒方向に偏っているため通常より大きな曲げ応力がかかりました。この木の場合は曲げ応力を弱くするために、ツル幅を薄くしたほうが良かったことになります。ツル幅は木の状況に応じて決めなければなりません。

関連内容 ➡ 本書 131 ページ

裂け上がり②

裂け上がりの原因は、「裂け上がり①」で紹介した不適切なツル幅だけではありません。

スギの裂け上がり

　追い口が低く、受け口角度が小さい場合は、元口の裂け上がりにつながります。材の価値を損ない、作業者に危険が及ぶ原因となります。

ヒノキの裂け上がり

追い口が低く、ツルが厚すぎたために裂け上がったヒノキです。
ヒノキでツルが厚すぎる場合も、元口の裂け上がりにつながります。

上方向への裂け（スギ）

裂け上がりにつながりませんでし
たが、追い口が低いため上方向へ
の裂けが見られました。

関連内容 ➡ 本書 108 ページ

ヤリ（引き抜け）

追い口が低かったため発生した「ヤリ」

追い口が低いとヤリが立ちやすい傾向があります。会合線が斜めの受け口を見ても、高さの差が少ない（追い口が低い）ほど、繊維の引き抜けが長くなっています。

追い口が会合線より低い場合にも「ヤリ」が立つ

追い口が会合線より低い場合にもヤリが立つ傾向にあります。

関連内容 ➡ 本書 108 ページ

オープンフェース受け口

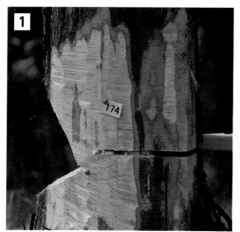

オープンフェース受け口

オープンフェース受け口のメリットは、ツルが長く効くことです。
倒伏時（**3**の写真）もツルが切れていません。

オープンフェース受け口でのヤリ

オープンフェース受け口では、会合線と同じ高さに追い口を入れることになっていますが、これはヤリが立ちやすい条件でもあります。

関連内容 ➡ 本書 132 ページ

上方伐倒

吉野地方（奈良県）で伝統的に行われてきた上方伐倒では、大きい角度の受け口を作ります。

上方伐倒の時の角度の大きい受け口

最後まで受け口がふさがらず、倒伏してもツルがちぎれません。伐倒木が根株から動かず、滑り落ちてくることを避けられるため、作業者の安全に寄与します（口絵13）。

関連内容 ➡ 本書103ページ

根張り部分に作ったツル

根張りを切らずに伐倒

根張り付近の木目は真っすぐではなく複雑。その複雑な木目を判断し適切な位置にツルを設けるには、熟練した技能が必要です。

関連内容 ➡ **本書 107 ページ**

追い口が会合線より低い

追い口が会合線より低い伐根①

受け口を深く修正した跡が見られます。深さが1/4に達していて修正が正しいと考えられます。追い口は受け口会合線より下がっていますし、ツル幅が不均一です。ヤリも立っています。ツルがきちんと機能しなかったと考えられます。意図した方向に倒れたかどうか疑問です。

追い口が会合線より低い伐根②

受け口会合線より追い口が低くなっています。それにもかかわらずヤリがほとんど立っていないので、ツルが強度不足によって本来の機能を果たせなかったかもしれません。もしかしたら伐倒方向が大きく変わってしまった可能性があります。

関連内容 ➡ 本書 108 ページ

ツルが機能していない

ツルが残っていない伐根

ツル幅の不均一を起こした伐根です。その後かかり木となりツルを鋸断した
か、木が倒れ始めてから追い口を切り進めた跡が残っています。

追い口が斜めに下がり、ツルも機能していない伐根

ツルの右側が残っていません。また、右側の追い口終端が会合線より少し下に
なっています。チェーンソーの鋸断ではガイドバー先端側が下がってしまう傾
向があります。追い口が斜めに進んでいくことは問題ないことが多いのです
が、追い口終端は受け口会合線との位置関係が上から見て平行であることと、
高さの差があることが重要です。

関連内容 ➡ 本書 147、156 ページ

狙いどおりに伐倒するために

伐木の
メカニズム

上村 巧 著
Uemura Takumi

全国林業改良普及協会

まえがき

　この職についてすぐの頃、「あんた、そんなこともでけんのかー」と、今でも叱咤激励くださる先輩からよく言われました。伐採搬出の現場に調査に行くと、自分でできると思っていてもできないことを思い知らされました。林業の研究には知識だけでなく、最低限の技能を身につける必要を感じました。

　最初は主にワイヤロープと架線集材に関する試験研究を担当していたのですが、間伐を中心とした施業と、高性能林業機械を中心とした車両系の機械化の流れが重なって、次第にこれらの仕事がなくなってきました。

　ちょうどその頃、かかり木処理による労働災害を減らすため、林業・木材製造業労働災害防止協会の調査事業で、様々な処理具や当時の器材を用いた処理方法を調べました。これが伐倒作業の安全性向上について研究していくきっかけとなりました。

　かかり木処理に興味がわいたので試験を続けようと思ったのですが、作業員の方に伐採作業を止めて危険なかかり木を起こしていただくことを、何日もお願いすることはできません。試験の数を増やして継続するには試験地を見つけて自分でかかり木を起こすほか方法がありませんでした。結構な日数をかけて試験に通い、かかり木を起こしてはフェリングレバーとチルホール、フェールボーイ（オーストリアの伐倒補助具）を使ったかかり木処理時間と所要力を測定しました。

　試験に付き合ってくれた同僚には申し訳ないことですが、残念ながらその試験ではあまり良い成果は得られませんでした。かかり木のかかり具合を表す（数値化する）ことが難しく、普遍性（誰がやっても同じような答えになること）のある成果が得られないのです。山の木は同じように見えて１本ずつ違うので、試験する時に条件を揃えることが大変難しいことも痛感しました。伐木は普遍性を求めにくい研究対象なのです。ただ、自分たちで伐木造材作業を行ったことで、少なくとも伐倒の難し

さや奥の深さには気づくことができましたし、様々な問題点を現場の方と共有できる経験を積むことができました。

　さらに、林業・木材製造業労働災害防止協会の調査や教材作成のため、大径木の伐採や特殊伐採を含む熟練者の作業現場や御杣始祭（みそまはじめさい：伊勢神宮の遷宮に必要なヒノキを、斧を使った三つ紐伐りで伐り出す神事）にも同行し、伐倒の多様性にも触れることができました。他の事業体の現場に行く機会はほとんどないとおっしゃる林業作業員の方が多い中、大変ありがたいことでした。

　本書は、最初に現在の伐倒技術がどのように決められたのかを知っていただくために、古い文献の内容を紹介します。鋸断する受け口・追い口・ツルの各部の数値にどのような意味があるのかをぜひ知っていただきたいと思います。

　その後の章は、国内外の伐倒技術について相違点を明らかにするために、伐倒試験と解析を行った研究の内容を元に構成しました。伐倒木全体の応力解析をするという目標を考えていましたが、様々な解析上の制約があり、お示しできたのはツル周辺の一部分の結果にすぎません。また、伐倒試験はスギ、ヒノキ、カラマツの3樹種に限ったものです。

　このように限定された条件下で、普遍性のありそうな結果のみを示していますので、現場では違うことが起こる可能性もあります。ですから、伐倒についての基本的な傾向、木が倒れるという物理現象の原理だとご理解ください。

　本書が、読者の皆様に伐倒の原理を考えていただくきっかけとなり、伐倒作業に起因する労働災害の減少に少しでも貢献できれば幸いです。

　末筆ながら、伐倒を含めこれまでの研究を進めるにあたり、ご指導・ご協力いただいた全ての皆様に感謝申し上げます。

2020 年 9 月　　上村 巧

目次

2章　木が倒れるとはどういうことか
── 受け口・追い口・ツルが果たす役割

3章　鋸断を失敗するとどうなるか

まとめ　受け口・追い口・ツルの考え方

序

伐倒技術を
考えるにあたって

伐倒技術は1つではない

木を「倒す」か、「寝かす」か

　木材生産の最初の作業は、森林内に生えている木を倒す「伐倒」
です。木材生産の最初の作業は「植え付け」と考える方もいらっし
ゃいますが、樹木を自然からの「頂き物」と考えると、最初に木を
伐ることから始まると考えるのが適当だと思っています。木を「伐
る」と木を「切る」では、漢字とともに意味も少し違ってきます。木
を「伐る」は木を倒す意味、木を「切る」は倒れている木の幹や木の
枝を切り離す意味に使います。

　「伐」の漢字を見ると「イ」は人の意味、「戈」は矛に似た柄の先
に刃物が付いた道具を表すそうです。討伐、征伐といった単語に用
いられる「伐」ですが、木を討ち負かすという意味よりも、作業の
様子を表すのにこの漢字を当てたのだろうと思いたいところです。

　各地の伐倒現場にお邪魔した経験から言いますと、技能の優れた
熟練者ほど「木を倒す」ではなく「木を寝かす」というような謙虚な

表現をされる方が多いように思います。木や山に対して畏敬の念や感謝の心を持っておられることの表れなのでしょう。「木を伐る」に木を打ち負かすという気持ちは持っていただきたくないと強く思います。

物理的な弱点を作って、そこで折る

　さて、自然に立っている木は根と幹、枝、葉でバランスがとれています。安定性から考えると重心位置はなるべく低く、重心を支える面積はなるべく広い方が良いはずです。しかし、高木に分類される木は、全長も重心位置も高く、一見不安定な状態で成長していきます。その安定を支えているのが地下にあって大部分が見えない根の存在です。地上部である幹や枝と地下部の根は、一定のバランスを保ちながら大きくなっていくのです。

　林業では主に地上部を収穫物として利用するため、安定を支えている根とその上部を最終的に切り離すことが必要になります。ただし、重心位置が高い状態の物を支えている部分から無造作に切り離すことは危険極まりない行動です。不安定な地上部を制御しつつ安定な状態に導くことが必要であり、それが安全な伐倒方法ということになります。小田桐久一郎氏は著書「小田桐師範が語る　チェーンソー伐木の極意」*の中で、「木は最後は折るもんなんですよ。どこを折るかというとツルを折るんですよ」とおっしゃっています。切り倒すのではなく折り倒すという考え方は的を射たものだと思います。「木を寝かす」ためには、その根元に物理的な弱点を作って折ることが伐倒作業の要点となります。

＊小田桐久一郎（2012）　小田桐師範が語る　チェーンソー伐木の極意. 全国林業改良普及協会

実際の伐倒作業には複雑な条件が絡み合う

　残念ながら林業は労働災害が多い職種であり、死亡災害の約6割が伐倒作業に関連しています。平成の時代、高性能林業機械などの普及により林業の機械化は進みました。しかし急傾斜地での伐倒は依然としてチェーンソーによる作業が主となります。足場の悪い時もあります。木の上には枯れ枝があったり隣の木とつるが絡まっているかもしれません。幹の内部が腐っているかもしれません。重心が伐倒方向と逆になっているかもしれません。伐倒を邪魔するような風が吹いていることもあります。伐倒方向に障害物が存在することもあります。安全に伐倒作業を行うには伐倒木や周囲すべての状態を把握して、どこへどうやって倒すか判断することが求められます。もちろん、簡単に判断できる条件の場合もあるのですが、複雑な条件であっても正確な方向へ安全に木を「寝かす」判断力と技能が伐倒手には求められています。

長年の経験則によって確立した技術

　伐倒の技術書として皆さまが必ずご覧になるのが、伐木造材作業者用の（労働安全衛生法に基づく）特別教育用のテキストではないかと思います。このテキストは伐倒の技術が網羅的に掲載されていて、限られた講習時間の中で技術を学ぶには大変有効なものです。ただし、このテキストの技術だけでは十分とは言えません。あくまで伐木造材作業者が習得しておくべき最低限度の知識をまとめたものです。実際の伐倒作業はもっと複雑で、さらに知識や経験が必要

となります。

　伐倒の技術は長い間に培われた経験則によって確立されてきました。そのため、技術は一貫したものではなく少しずつ変化してきたことがわかっています。その変化の背景には道具の発達や変化によるもの、搬出方法の変化や原木の価値によるもの、作業方法や安全対策によるものが挙げられます。これらの変化の過程を知ることで、現在の伐倒技術の意味や理屈あるいは限界が見えてくるはずです。

本書で使う用語の定義

　ここで、本書で使う用語の整理をしたいと思います。「受け口」、「追い口」、「ツル」は特別教育の教科書どおりです（**図序-1**）。また、弦はカタカナで「ツル」、蔓性植物はひらがなで「つる」と表記します。

　図序-2で鋸断各部の用語を整理しました。受け口のカットは「斜

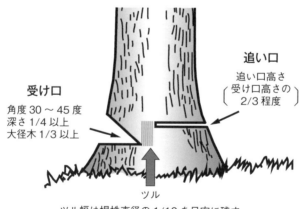

追い口
追い口高さ
〔受け口高さの
　2/3程度〕

受け口
角度 30 〜 45 度
深さ 1/4 以上
大径木 1/3 以上

ツル
ツル幅は根株直径の 1/10 を目安に残す

図 序 -1　受け口・追い口・ツル

め切り」と「下切り」と呼びます。下切りについては、一般的には水平切りと表記されていることが多いのですが、北欧で多く用いられる受け口では水平でない場合もあるので下切りとしました。また、斜め切りと下切りで作られる線を「受け口会合線」または単に「会合

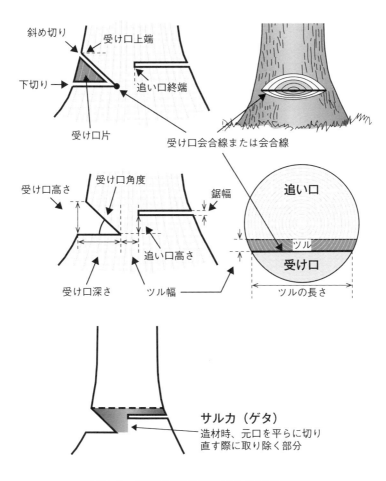

図 序 -2　鋸断各部の用語（本書での定義）

13

線」と呼びます。

　斜め切りと下切りで切り取られた部分を「受け口片」とします。
この部分の名称は各地で伺っても名前がないとのことでした。かつ
て斧による受け口作成の際は単なる切り屑となり形をなさないもの
でしたが、チェーンソーを使って切り取ると大きなかけらとなりま
す。受け口のかけらと言うことで「片」の字を当て、受け口片とし
ました。

1章

伐倒技術の変遷

古代から現代に至る
伐倒技術の変遷

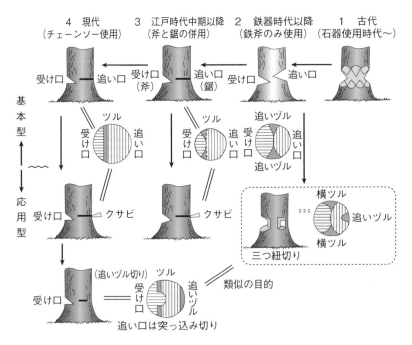

図 1-1　古代から現代に至る伐倒技術の変遷

辻（1995）より、坂巻原図を整理修正

伐倒に使用する道具の変化にともない、伐倒技術も変化してきた。

斧から鋸、チェーンソーへ。道具の変遷

　木に弱点を作って折り倒す伐倒技術は、道具の進化とともに**図1-1**のように発展してきたと文献*に載っています。これによると、最初は古代のように幹を削るように細くしていき、倒していたと考えられますが、これでは倒したい方向に倒れるかどうかが分かりません。しかし鉄器時代以降に斧が使われるようになると、受け口と追い口を中心付近まで掘り進む方法により、おおむね意図した方向に倒すことが可能となったようです。また、斧が深く掘れるような形状に進化すると、三つ紐切りのように3つのツルを残す方法が考案されたと考えられます。倒伏直前まで安定性が確保されるため、安全性の確保に大きく役立ったことでしょう。

　次に江戸時代中期以降、鋸が使われるようになります。斧より切り無駄が少なくなるとともに、クサビを利用することで重心を移動させることが可能となり伐倒方向がより安定したことでしょう。さらに現代のチェーンソーを利用した伐倒技術へと変化しました。1人用のチェーンソー技術が確立したのは後述のように1965年頃と考えられますので、**図1-1**の伐倒技術の時間の流れから言うと比較的最近のことです。斧と鋸による鋸断技術を踏襲しつつ、チェーンソーの軽量化や刃の形状の進化につれて、チェーンソー特有の切り方（突っ込み切り等）も取り入れられていきます。また、追いヅル切り（**図1-2**）のように、木の安定を長く保つ三つ紐切りの目的を踏襲した技術が残っていることも分かります。

---

*辻隆道（1995）　吉野川流域の伐出技術−吉野川の木ながしおよび三好地域の伐出. 吉野川流域林業活性化センター

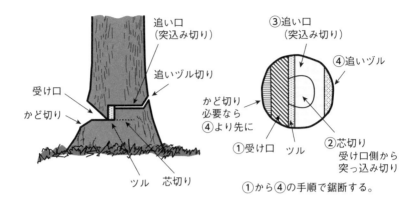

図 1-2　追いヅル切り

古来の伐倒方法である三つ紐切りの原理を踏襲している。鋸と斧を使った伐倒でも同様の技術は継承された。

受け口とツルの役割はいつから認識されていたか

　図1-1 で鉄器時代以降の図に受け口、追い口の名称が記載されていますが、いつ頃からこれらの名称が使われるようになったのかは定かではありません。ただ、道具に合わせて形が変わっていくものの、受け口とツルの役割はかなり早くから認識されてきたと考えるべきです。受け口の語源について文献*に「受け口の良否が良いことも悪いことも受け合う（請け合う）、さらに切り口が人の口によく似ているので受合口と言ったのが「受け口」の語源となった。」とあるように、伐倒の良し悪しに大きくかかわるのが受け口だということが古くから認識されていたに違いありません。

　ツルは伐倒方向の制御に大きな役割を果たします（**図1-3**）。海外の文献を含めさまざまな技術書にツルは蝶番、あるいはヒンジの

---

*辻隆道・林寛（1989）　労働安全のアドバイス. 林業科学技術振興所
　辻隆道（1991）　山子の民族誌—山で働く人々の生活と労働. 清文社

役割を果たすと記載されています。地上部の根元に弱点を作り、制御しつつ安定な状態に折り倒すためには、ツルの役割がもっとも重要となるのです。ただ、ツルは受け口と追い口を作成したときに残る部分であって、これらの作成作業の巧拙がツル形成の良否を左右します。斧や鋸を使った伐倒作業では切削速度が遅かったので、受け口が上手にできていればおよそ失敗なく倒すことができていたのでしょう。しかし、現代においては切削速度が速いチェーンソーを用いるため、少しのミスで重要な部分を切り過ぎることが生じます。特にツルを切り過ぎると蝶番の機能が十分働かないことになります。受け口の良否も重要ですが、ツルを正しく残すことがさらに重要となります。

　2019年8月1日施行の労働安全衛生規則の改正では、「伐木作業における危険の防止」（第477条）に、「受け口と追い口の間には、適当な幅の切り残しを確保すること」とあります。「ツル」という表記は出てきませんが、ツルを正しく残して機能させることが重要です。そのためには受け口と追い口をどのように作成すればよいか。これらの角度や深さ、位置の変遷とともに説明していきます。

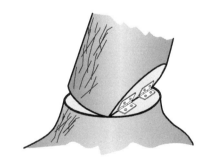

図 1-3　ツルは蝶番の役割を果たす
ツルが蝶番の役割を果たすという考え方は国内外で共通

文献に見る伐倒技術
―明治期から昭和期

　平成以前の受け口や追い口、伐倒方向に関する国内の文献を見て
いきたいと思います。受け口や追い口の各部寸法について記載され
ている文献は意外と少なかったのですが、現在の伐倒技術がどのよ
うに決められたのかを知ることはとても重要なことだと思います。
これら文献の一部を引用しながら伐倒技術の変遷を細かく見ていき
ましょう。旧仮名遣いで文語調のものは、現代文風に変更してあり
ます。そのほかは原則的に明確な誤植や間違いを除いて原文のまま
ですが、用語の表記は本書では統一しています（例:「受け口」、「ツル」
など）。また、伐倒方向について記載のある場合はそれぞれの記述
の最後に載せることとします。

　なお、図は原著を元に描いたものです。その際、記載された文章
と矛盾しているなど、明らかな誤りと判断できるものは修正してい
ます。

斧・鋸で伐倒していた時代

1907 (明治40) 年「実用森林利用学」*より

斧のみを用いる伐採法

伐採すべき幹を地上低く反対の2方向より伐木斧によって伐採する（図1-4）。まず斧で一方より切り口を作り、漸次クサビ形に樹幹の内部に伐り込み、さらにほかの一方より切り込むと、樹幹は最終的にその支持を失って倒れる。この切り口は、なるべく水平にかつその壁を平滑にし、その大きさは斧を障害なく打ち込みができる程度以上に大きくなるのはよろしくなく、切り口の高さ（樹皮に沿って垂直に測る）は深さよりも少し大きくすれば全ての場合において十分である。

もし樹幹を所定の方向に倒そうとするときは、まず倒そうとする方向より切り口（イ）をなるべく深く材の中心を過ぎるまで水平に切り込み、そうして反対の方向より切る切り口（ロ）は、これより3～5寸（幹の大きさによる）高く切り込み、その切り口（ロ）の先端が切り口（イ）を超えるまで切り込む。そうして樹冠の構造が平等であるものは少し樹幹を押せば予定の方向に倒せるだろう。また倒れる方向が重ければ仕事に好都合になるが、もし反対の方向が重いかまたは両端が重いときは（ロ）の切り口に適合する薪材の割木を入れ、さらにその間隙に横に多くのクサビを打ち込み、切り口を拡大しながら樹幹を押し倒すことがある。

この伐採法は材料を損失することが多いため、貴重な材はこれを避けるため、なるべく根元において、ある場合には根端を掘って伐

大西鼎（1907）　実用森林利用学（上巻）. 六盟館

採することがあり、また、大木の
ときは、単に反対の2方向だけで
なく、これと直角にほかの2方向
からも切り込むことがある。ただ
しこの場合には、倒すべき2方向
の切り口を深くしなければならな
い。小材は、1人の伐木夫で足り、
直径1尺以上のものは2人、はな
はだしい大材については、4人の
伐木夫を必要とする。

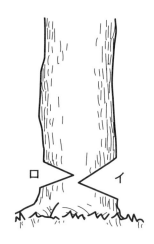

図1-4　斧のみの伐倒
受け口、追い口ともに斧で切り込む伐倒方法

解説

　単純に考えてこのような深い受け口と追い口を作り、追い口側へ倒れてこないのか疑問に思うところですが、この本にはその対策方法も記載されていました。また、綱をつけて人力で引っ張ることや、「カグラサン」という木製ウインチも伐倒方向を定めるために用いられていたようです。

鋸と斧を兼用する伐採法

　まず幹を倒そうとする方向より、低く地上に接して鋸により（ロ）線の方向に切断し、次に斧によって（イ）線の方向より切り込みす

るとよい（図1-5）。その切り口はあまり深くせず直径の1/4〜1/5に止め、次に鋸によって（ニ）線方向より切り込み、鋸の後方からはクサビを打ち込み、漸次樹幹を倒していく。

　いずれの方法を問わず、幹と樹冠との具合により、予期の方向に倒せない不安があるときは、幹の上部または上方の枝に綱索の類を結び付ける手段を施し、これをほかの樹幹の根際に縛るかまたはこれを引いて予期の方向に倒すことは、いずれの場合にも応用することができる。

　吉野地方における伐木法には、参考とするものが多いため、次にその詳細を掲載することにする。

　まず根張りの所を削り、丸太のように造っておき、それから受け口（木の表にまみと俗称し、そうして山地では山の方に向くのを受け口と言い、谷に面する方を裏と言う）を根伐斧で伐り、木の裏より鋸で伐るのを通例とする。スギは目通り周囲3〜5尺のものは、いわゆる裏の鋸を入れる所を受け口より1寸高く上げ、6尺以上のものは2〜3寸、1丈以上のものは5寸以上高く上げる必要がある。そうして斧と鋸との使用割合は鋸7分斧

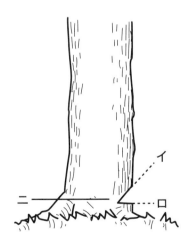

図 1-5　斧と鋸による伐倒法

受け口は斧（図中イ）と鋸（図中ロ）、追い口は鋸（図中ニ）で切る伐倒方法。ロの線は鋸で切ります

２分にして、１分は（俗にツルと言う）その立木によって自然に倒れさせるのがよい。ヒノキも同じく、まず斧で伐り、鋸を入れるのは受け口より５分高くしなくてはならない。斧２分３厘、鋸７分とし７厘はその木が自然に倒れる際に切断するべきである。

解説

　斧と鋸を兼用する伐採法の中で、吉野地方の伐採法が紹介されています。数値に関する記述を抜き出すと、追い口高さはスギ目通り周囲長３〜５尺は１寸、６尺以上は２〜３寸、１丈以上は５寸以上、ヒノキは５分。斧と鋸の使用割合はスギの場合、鋸７分、斧２分、ツル１分。ヒノキでは鋸７分、斧２分３厘、ツル７厘となります。

　使用割合から推定すると、受け口は斧で作ることから、スギでは受け口深さが1／5（20％）でツルが10％となり、ヒノキでは受け口深さ23％、ツルが7％ということになります。

　ほかに、受け口深さについては、吉野地方以外について「（受け口は）あまり深からずして直径の1／4ないし1／5に止む」とあり、浅めの数値が採用されていたようです。これらの数値を見ると現在の伐倒技術と大差ないことが分かります。吉野地方の伐採法については1898（明治31）年に出版された「吉野林業全書」が有名ですが、これには伐採に関する寸法は記載されていませんでした。この文献は1907（明治40）年発行ですのでほぼ同時期の寸法を記録したものと考えられます。スギ、ヒノキの伐採にあたり、

多くの経験から寸法の目安ができていたことは素晴らしい
ことです。この寸法が後の伐採技術に大きな影響を与えた
のは間違いないと思われます。

三つ紐切り

　まず伐採しようとする樹幹をなるべく根元近くに伐木斧で３方向
から穴をあけ図のよ
うにし、次で倒す方
向の反対にある足を
伐り、その切り口に
クサビを打ち込んで
倒すこととして、２
個の足はその木が自
然に倒れる時に切断
するものとする。

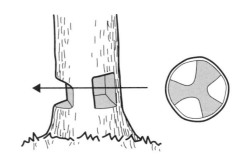

図 1-6　三つ紐切り
ツルに相当する部分を３カ所切り残して倒す伐倒方法

解　説

　三つ紐切りは「木曽式伐木運材図会」(1854 (嘉永６)年)
にも記載されているほど古い技術です。斧のみを利用する
伐木法で追いヅル切りの原型と考えられます。

1924（大正13）年
「本邦における伐木及造材用器具機械に関する調査」*
より

受け口の深さに注目していた

　現在採用される伐木法は**図1-7**甲のような伐倒法である。乙は木曽林業のいわゆる一伐法であって鋸を使用しない場合における最良の伐木法と考えられていたが、多くの労力を要するため十数年前に木曽においてもこれを廃止した。丙は、乙法に鋸切法を利用し、形式上甲の改良法に過ぎず、和歌山、高知地方において、これを採用し、特に貴重な大材の伐採に用いられる。甲は、もっとも簡単にして短刃身の斧を使用することができる。丙は、長刃身の斧を要することは言うまでもない。

　受け口の深さは、樹冠の発育が一方に偏倚し重心が根株の一方に偏在している樹木をその重心の方向に伐採する場合には浅い伐り込みで十分であるが、もし重心が著しく一方に偏る場合は反対側から鋸切り（追い切りと称する）をして、まだその樹芯に達していないう

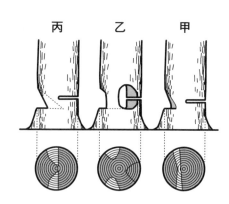

丙　　　乙　　　甲

図1-7　1924（大正13）年当時に主流の伐木法（右側の「甲」）

斧で受け口を作っていたため、受け口会合線が凹形状になっている

＊綱島政吉（1924）　本邦ニ於ケル伐木及造材用器具機械ニ関スル調査. 林業試験場研究報告 24

ちに樹冠の転倒を見ることがあり、たびたびこれが割裂または芯抜けが生じるようであれば、**図1-7**丙の方法のように受け口を十分深く伐り込み、樹芯を伐抜くことが必要である。また急峻な林地では下方に向いて伐倒すれば樹幹を折損するおそれがあり、重心偏倚の方向は、傾斜の下方に向いているにも関わらず、これを上方または側方に向いて伐倒せざるをえない。この時反対側から鋸切すると同時にクサビを用いて樹幹を起すため、もし受け口が浅くて失敗するときは切残部分（ツルと称する）がその直径に比べて短いため、樹幹を支えられず急に切断して根株上に跳ねてほかの方向に転倒して折損するだけでなく、人命を損なうことがあるために受け口は樹冠の形状と周囲の情況とに鑑み、適当な深度を選ばなければならない。普通伐採部分の直径の1/3を標準とし、現場の状況により多少の手加減を加えることが安全である。ところが東北地方における伐木跡地について調査したところ1、2の事業地において受け口の深さは根株直径の1、2割に止まりもっとも険峻な山地においても3割に達するものは稀である。そうしてその結果について詳細に調査すると受け口は土地の傾斜に対して側方に向けて設けてあるにもかかわらず樹木は下方に向けて転倒し、いわゆる谷渡し状態をあらわし、時には割裂するのを目撃した。そうしてこれらの事業地において使用する斧は刃身が極めて短くわずかに3寸3、4分なることを発見した。これらの斧は木柄の支障により深く受け口を伐るのに適さない。ことに受け口の中央部分を深く孔形に伐込みができないため、急傾斜を有する林地において大木を伐採するに適さないことがわかった。普通5寸ないし6寸の刃身長を有する斧が有利となるようだ。

解	説

　この文献は、林業用の道具や機械に関する研究について
まとめられたものです。伐木技術と斧の関係を調査する中
で、受け口の深さの重要性とそのために適した斧を提案し
ています。軽くて刃の短い斧を持っていく方が楽ですが、
そのことを戒める意味もあります。

1930（昭和5）年「実用伐木運材法」*より

追い口の高さに言及

　伐倒の方法は大体3種ある。その1つは鋸のみで挽き切って倒す
方法で、伐倒部分の材を無駄に切り捨てることなく材の利用上もっ
とも有利な方法である。しかし直径2尺以上3、4尺の樹幹に対
してはこの方法は伐倒の際その方向を確実にすることがやや困難
で、危険を伴うものである。第2の方法は鉞と鋸とを用いる方法で、
樹幹の伐倒方向の根際にまず鉞によって中心に向かい4分通り穿
ち切るのである。すなわち図1-8に示すようにこれを受け口と言う。
その形状と大きさは切り口の開き、すなわち間口の大きさより深さ
をやや大きくなる程度にする。伐採夫の技量の優れた者は開きの大
きさを小さくして深さを大きくするように努めるものである。次に
この受け口の上面の高さに反対側から鋸で切り込み、その進行につ
れてクサビを打込んで、樹幹が傾き始めてから一時に3、4本のク
サビを交互に強く打込みその力によって受け口の方向に確実に傾け

*中原正虎（1930）　実用伐木運材法．三浦書店

て倒すのである。これはどの地方でももっとも普通に行われる方法である。

　第3の方法は鉞のみを用いる伐採方法で、時にはわずかに鋸を使うこともある。その方法はまず受け口を鉞で穿(うが)って中心に近づけて、次に追い口を切り込んで受け口に達するので、木曽地方ではこれを頭巾切りまたは合わせ切りという名称をつけている。この方法は米国などでも細い樹幹の伐倒に行うのである。またこの方法で受け口の両側と追い口の中央とに支柱状に脚を残して切り込み、最後にこの脚を切って倒す方法もある。現在は鋸も大型の良品が各地に容易に求められ、かつ水流を利用する運搬方法を用いた時代と異なり第3の方法は多く用いられず、第2の鋸と鉞とを用いる方法がもっとも一般的に行われている。材の利用上から見るのもまた能率上から見るのもこの方法がもっとも良い普通の方法である。

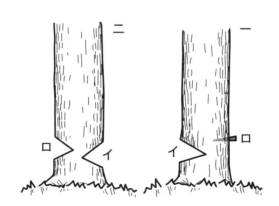

図1-8　追い口の高さに言及した伐倒法
第2の方法が右図。追い口高さを受け口の上面の高さとした

伐倒方向についての指摘

　立木を伐り倒すに当たっては裂傷を生じたり、ほかの立木を傷つけたりすることのないよう注意を要する。特に未熟な伐採夫を使役する場合にはこの注意はもっとも必要である。

　わが国の山地は多くは強い傾斜地であるがこのような山地においては常に高地側または水平方向に向かって伐倒する。もし高地または水平方向にほかの立木があったり、土地に岩石土壌の起伏があって、その上へ伐倒するときに挫折の恐れがある場合には下方低地側に向かって伐倒するほかないのである。伐倒の方向を誤り、伐倒木をほかの樹幹にかけて損傷すれば少なからぬ損害となることがあるから、伐倒方向について疑念を生じた場合には、その樹幹の伐倒を後回しとするかもしくは直ちに熟練なる指揮者の指図に従うべきである。このような場合、未熟者はときどき独断で仕損じて、ほかの立木に寄せ掛け、樹幹を裂き、時としては負傷者を出すなどのことが起こるのである。

解 説

　昭和になってもそれ以前の文献と技術は変わっていませんでした。斧のみ、斧と鋸を併用した技術について以前とほぼ同様の内容です。

1941（昭和16）年「伐木運材図説」*より

ツルの役割を解説

　斧を使う場合は、**図1-10**に示すようにまず、伐倒すべき方向の面に切り付けて、深さはだいたい幹の中心に達する位の切り口を付ける。いわゆる、受け口（A）である。次に、その反対側のやや上部を切り付け、受け口に達する深さにする。いわゆる、追い口（B）である。木はちょうど受け口と追い口の両側の部分で支えられていることになる。この支柱様の部分を追いヅル（C）と言う。追いヅルを徐々に切断すれば所要の方向に伐倒できる。

　貴重な材あるいは特に大きい材は追い口を2つ付ける。これを「三

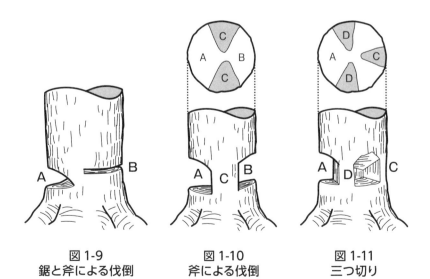

図1-9
鋸と斧による伐倒

図1-10
斧による伐倒

図1-11
三つ切り

A：受け口、B：追い口、C：追いヅル、D：横ツル

*關谷文彦（1941）　伐木運材図説．賢文館

つ切り」と言う（**図** 1-11）。この場合には、支柱は３本となる。受け口の正反対側のものが追いヅルで、ほかの２柱を横ツル（D）と言う。追いヅルを徐々に切れば横ツルは自然に折れて所要の方向に幹は倒れる。

　鋸を使う場合は**図** 1-9 のようにまず、斧で受け口を作り（切断部の直径の２割〜 2.5 割位の深さ）その反対側から鋸を入れ、直径の７、８割に達したらクサビを打込んで鋸の圧迫を防ぎ、同時に所要の方向に倒す。木が比較的小さいものならば、受け口を鋸で付けてもよい。

　図 1-9 の伐倒方法は今もっとも普通に行われる方法である。

> ### 解 説
>
> 　過去の技術とほぼ同じですが、受け口は斧で、追い口は鋸でというのが一般的になってきたという記述があります。また、受け口深さについての寸法も記載されています。

チェーンソーの登場

1960（昭和 35）年
「伐木造材作業基準　解説 No.14」*より

チェーンソーの鋸断速度に言及

　受け口の深さは、原則として直径の１/ ３以上とし、受け口を作った後、その方向・深さ・大きさが適正であるかを十分確かめ、芯抜けや割れが生じないようにすること。

---

*林業機械化協会（1960）　伐木造材作業基準・解説（No14）．林業機械化協会

　受け口は、樹種、樹形、地形、枝の張り具合、木の傾き具合、伐倒方向などにより、受け口を作る位置、大きさ、角度などが異なるが、根張りを斧あるいはチェーンソーで切り取ってから、一般は直径の1/3以上、裂けやすい木では1/2程度の深さまで作らなければならない。確実な伐倒方向とする受け口を作るには、木を背にして立木の重心を調べる方法、あるいは**図1-12**のごとく受け口の位置を両手でおさえ、梢を見てそのまま首を後ろに倒して方向を見当づける方法がある。受け口を作っている途中で、確実な伐倒方向となる受け口であるかどうかを確かめることが極めて必要であり、その方法としては、人力作業の場合では伐倒方向に斧を置き（**図1-13**）、樹幹を背にして端と斧柄の方向を見て、これより受け口の方向を見定める方法が行われる。

　作業途中において受け口の高さ、広さ、角度を確かめ調整することは、伐倒方向を確実にし、安全確実な作業を続け、さらにその後の作業を円滑にすることができるので、是非実施する必要がある。出来高功程をあげるため、作業を急ぐあまり直径の1/3以上、できれば樹芯まで深くすることを十分に承知しながら、なかなか実行されないのが普通であるが、これは慎むべきである。伐倒の際に樹幹が裂けることは、受け口の浅い場合（**図1-14**）、追い口が受け口より極端に高い場合に多いので十分に注意すべきである。

　斧で受け口を作る場合、大径木であれば、あらかじめ鋸で平らに挽き込み、つぎに鋸挽きの面に対して一般に45°の角度となるように、斧ではつって受け口を作ることが楽な方法である。なお、受け口の横ツルは、伐倒方向を確実にするため、十分残さなければなら

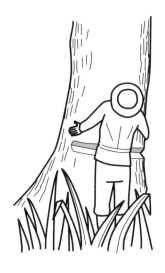

図 1-12　伐倒方向を調べる
梢を見上げてそのまま首を後ろに倒して見当づける

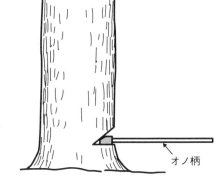

図 1-13　伐倒方向の確認
受け口に斧身を入れ柄の方向が伐倒方向を示す

オノ柄

**図 1-14　受け口が浅いと
　　　　　木は裂けやすい**
浅い受け口、極端に高い追い口は裂けやすいと言及されている

ない（**図 1-15**）。

　傾いた木を反対方向に倒す場合には、受け口を作る時期を誤ると、伐倒方向に倒れないばかりでなく、極めて危険である。すなわち枝条の重みで傾いた木は、これを除去することにより正常に復するが、そのほかの場合には、まず傾いた方向より鋸を入れ、クサビを打込んで、樹幹を起こしてから、受け口を作る方法などで倒すことが肝要である。もし受け口を最初に設けるときは、立木の伐倒する方向に逆方向に傾かせる結果が生じ作業も益々困難になる。

　チェーンソーによる受け口作りは、鋸断速度が速く、受け口が簡単にできるので斧に比べて受け口の確認と調整が不十分か、不実行の場合が多いので十分に注意しなければならない。また樹芯まで切り込みが困難なときは、チェーンソーの突っ込みを行って樹芯を切る必要がある。この場合、ブレードの先端上部（※原文ママ）から突っ込み始めて静かに行うこと。突っ込みはダイレクトドライブ式のチェーンソーの方が容易であるとされている。

　チェーンソーの受け口は斧と同様に上向きが普通であるが、特殊な例として下向きの受け口（フンボルト型）（**図 1-16**）およびコの字型やそのほかの形式があるが、傾斜の強い場所の木以外は伐根が高くなることと作業が困難な点から一般的ではない。

　追い口は、受け口の上辺に近く、なるべく水平に鋸を入れること。

　追い口を作るに当たっては、作業能率の向上を考えて、伐倒後にサルカ＊を取除き、手直しを少なくするため、できるだけ受け口の上辺に近く鋸を水平に入れることが必要である。

＊サルカ：ゲタのこと。59 頁、図 1-31 参照

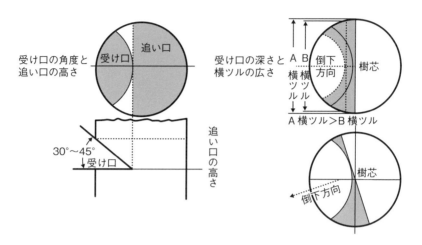

受け口の角度と
追い口の高さ

受け口

追い口

30°〜45°
↓受け口

追い口の高さ

受け口の深さと
横ツルの広さ

A B

倒下方向

樹芯

横ツル

横ツル

A 横ツル＞B 横ツル

樹芯

倒下方向

図 1-15　受け口とツルとの関係

斧で作る場合の受け口。横のツルは十分に残すことと言及されている

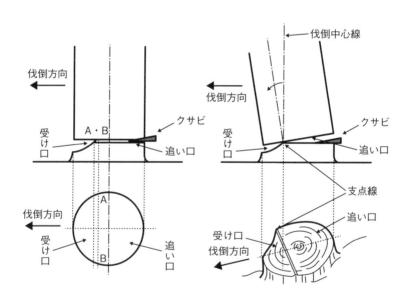

伐倒中心線

伐倒方向

伐倒方向

クサビ

クサビ

受け口

受け口

A・B

追い口

追い口

支点線

伐倒方向

受け口

A

追い口

B

受け口
伐倒方向

追い口

図 1-16　フンボルト型

伐根が高くなることから急傾斜地以外では一般的ではないと言及されている

伐倒方向と材の損傷・作業功程

　樹形、隣接木、地形、風向、風速、伐倒後の作業などを考えてもっとも安全かつ材の損傷の少ない方向（通常は側方または斜め側方）を選ぶこと。

　伐倒の方向は、立木の傾きが5°以内で枝が四方に一様に伸びており風のない場合には、傾斜地でない限りどの方向にとっても差し支えないが、このような好条件は非常にまれであり、一般には傾斜地で、樹形や枝張りもまちまちであるから、立木を十分見極めてから、さらに伐倒木周辺の地形、隣接木との関係、伐倒方向の地形、伐倒後の作業段取りなどを考えて伐倒方向を決めるべきである。

　傾斜地における伐倒では、傾斜上方（あげ山、のぼり山）に伐倒する方法は、幹と上方斜面とのなす角度がほかのいずれの方向よりも少なく、材自身の重量による加速度がもっとも少ないので、材が折れたり傷がついたりすることが一番少なく、材の損傷を僅少にする点では良い方向である。一方、穂付き丸太として材を乾燥するにはよいが、斜面の樹木は一般に上側部の根張りが大きく伐倒に手数を要し、さらに倒れたとき自重のため、下方に滑落して材が損傷するばかりでなく、作業員も滑落する材に巻き込まれて引きずり落されたり、伐根や下方立木に挟まれたりするなど、重大な災害を起こしやすいので危険の多い伐倒方向である。また、作業能率からいっても、玉切り丸太の移動が困難となるばかりでなく、

　1）下方から玉切ることは上部樹幹が滑り落ちる危険があるため、ほとんど不可能であり、上部から玉切ることになる。その場合、梢や丸太を玉切りの都度片づけなければならない。

　　2）鋸断面の傷が不明であるため品等区分別（製品価値の向上か
　　　ら見て）の造材寸法を決定するのに非常に不便である。

　　3）樹幹が安定しないため、樹幹下部の皮はぎや枝払いが不可能
　　　となる。

　　4）鋸断する位置の関係上、切り曲りが生じやすい。

　　5）鋸断の際、常に上部樹幹の重量がかかる。

　以上のようなことが原因して作業功程を落とすことになり、伐倒
方向としては得策ではない。下方に伐倒することは、玉切り作業
を容易にしたり樹幹の傾きをそのまま利用して作業しやすいため、
往々行われるが、樹幹の転倒、滑落距離が最大で、自重による挫折、
折損がはなはだしく、損傷のないように下方に倒すことはほとんど
不可能に近い。また、滑落する危険も大きいから、この方向への伐
倒は、ほかの方向に選定できない場合以外は、絶対に避けるべきで
ある。したがって、伐倒方向は傾斜に対して横の方向が材の損傷も
最少で、その後の枝払いや玉切り作業が容易であり、理想的な伐倒
方向と言える。

　択伐、漸伐、間伐の伐倒方向は主として隣接木との関係に支配さ
れ、かかり木とならないように木と木の間に伐倒しなければならな
いことが多いが、この場合も特に支障のない限りは理想的な方向へ
倒すのがよい。

　伐倒方向に、地表の「シワ」、尾根、岩石などがある場合は、で
きるだけその方向を避けなければならないが、避けることができな
いときは、地表の「シワ」や岩石を末木や枝条などで覆って材の損
傷を防ぐことが必要である。また皆伐作業では伐倒木や丸太の上に

折り重ねて伐倒することが多くなるので、この場合は事前にできる
だけ木直しをして、折り重なって倒れることによる胴折れを防ぐこ
とが必要である。

解説

　伐木造材作業基準は林野庁の現場で働く方々向けに定め
られた技術書となります。1954（昭和 29）年に発生した
洞爺丸台風の風倒木処理のため、翌年チェーンソーを含む
多くの林業機械が導入されました。1956（昭和 31）年国
産チェーンソーの発売、1957（昭和 32）年ダイレクトド
ライブチェーンソー発売とチェーンソーも進化し、1960
（昭和 35）年頃には多くのチェーンソーが利用されるよう
になってきました。この頃のチェーンソーはすでに 1 人用
ですが、チェーンソーの技術は機械とともに後述のように
アメリカから導入されたようで、その影響がフンボルト受
け口のような技術から分かります。

1969（昭和 44）年
「伐木造材作業基準・解説 No.40」*より

チェーンソーの鋸断速度によって受け口の深さが決まる

　受け口の深さは、直径の 1 / 4 以上とし、受け口を作ったあとで、
その大きさ、深さ、および方向がよいかどうかを十分に確かめ、芯
抜けまたは割れを生じないようにすること。

*林業機械化協会（1969）　伐木造材作業基準・解説（No40）. 林業機械化協会

　受け口は、樹種、樹形、地形、枝の張り具合、木の傾き具合、伐倒方向、などにより、受け口を作る位置、大きさ、角度などが異なるが、根張りを切り取ってから、一般には直径の1/3以上、裂けやすい木では1/2程度の深さまで作れば一応、受け口として伐倒方向の規制には役立つものである。

　確実な伐倒方向とする受け口を作るには、木を背にして立木の重心を調べる方法、あるいは受け口の位置を両手でおさえ、梢を見てそのまま首を後ろに倒して方向を見当づける方法がある(図1-12)。

　作業途中において受け口の高さ、広さ、角度を確かめ調整することは、伐倒方向を確実にし、安全確実な作業を続け、さらにその後の作業を円滑にすることができるので、是非実施する必要がある。

　チェーンソーの普及によって、その切削速度が非常に早くなったので、それぞれ受け口の作り方も人力当時と比べて幾分、異なってきているかと思われる。現地調査において実態を作業員から聞いて見ると、受け口の深さは人工林および天然林によって平均的に見ると異なるので一概には表示しかねるものである。

　それがために、今回の基準においても安全衛生規則で決められている1/4以上としたが、結局はその大きさが問題であって、一般的に受け口は木の幅だけ切るのが一番安全であるが、地形、根張り、立木の重心の傾きなどの関係を考慮しなければならず、結局は木の幅だけ切れないのが現状である。

　実際、チェーンソーを使っての受け口の大きさは、直径、枝ばりなどにより異なるが、人工林についてはせいぜい1/4くらい、天然林ではもう少し大きく1/3くらいというのが現状であり、チェ

ーンソーでは、切削速度が早く、受け口を大きく切ろうとすると残すべきツルの切り過ぎが多くなり、受け口の大小よりは、ツルの切り過ぎの方が恐ろしいという意見である。また、小径木になると、往々にして受け口を切らずに伐倒することがあるため、前の基準から「原則」を除き、今後確実に受け口を作らせることを義務づけることにし、深さを 1 / 4 という最低の基準とした。

　受け口の角度には色々と問題がある。実際には角度もさることながら、伐倒が難しい木になればなるほど、受け口角度が 30°とか45°とかいうより、受け口の大きさが問題となり、次いで芯抜けや裂けができないように深さを考え、次いで、方向の順序に考えるという意見が多かった。

　傾いた立木を反対方向に倒す場合には、受け口を作る時期を誤ると、伐倒方向に倒れないばかりでなく、極めて危険である。すなわち、枝条の重みで傾いた木は、これを除去することにより正常に復するが、そのほかの場合には、まず傾いた方向より鋸を入れ、クサビを打ち込んで、樹幹を起こした後、受け口を作る方法などで倒すことが肝要である。もし最初に受け口を設けると、立木の伐倒する方向と逆方向に傾かせる結果となり、作業がますます困難となる。

追い口の切り進め方で伐倒方向を修正

　追い口は、受け口の上辺に近く、樹芯に対して直角に鋸を入れること。

　追い口を作るに当たっては、作業能率の向上を考えて、伐倒後のサルカ*の取り除き、手直しを少なくするため、できるだけ受け口

*サルカ：ゲタのこと。59頁、図1-31参照

の上辺に近くに鋸を樹芯に直角に入れることが必要である。

　図1-17のように南に向かって伐倒しようとする場合、枝条など
の関係で南西に傾く傾向があるときは、鋸を挽く方向を図のように
変え、（イ）部を（ロ）部より厚く残すように切り、クサビ（B）を強
く打つことによって伐倒方向を調節して目的方向に倒すことができ
る。すなわち追い口の切り進め方によって、ある程度、伐倒方向の
修正が可能となる。チェーンソーで切るときは、切る位置に確実に
当て、しっかりとチェーンソーを保持するか、スパイクなどで樹幹
に固定するなどしないと、切り始めの振動でチェーンソーがおどり、
足もとに落とす危険がある。またエンジンの回転をある程度出して
から切り込み、最後までエンジンの速度が同じであるように保ち、
ブレードを含む平面内でチェーンを動かして切り込むようにしないと挽き曲がりを生じ、切り込みが困難となって、ブレード、チェーン、エンジンなどに無理が生じ、能率上、機械の保守上からも大きな損失を招くことになる。また切れ味も悪くなりやすい。特にチェーンソーは切削速度が早いので、受け口のツルを切り過ぎて思わぬ方向に倒れ、事故を起こしたり、材を損傷す

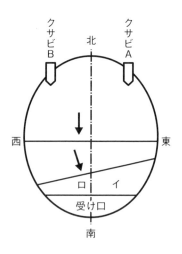

図 1-17　伐倒方向の調節
追い口の切り進め方（ツルの狭め方）
による伐倒方向の調節

る場合があるので、常にツルを切り過ぎないように追い口切りの終わり頃には注意することが肝心である。

伐倒方向の見極めは高度な技能

　樹形、隣接木、地形、風向、風速、伐倒後の作業などを考えて、もっとも安全な方向を選ぶ。

　伐倒の方向は、立木の傾きが5°以内で枝が四方に一様に伸びており、風のない場合には、傾斜地でない限り、どの方向に倒しても差し支えないが、このような好条件は非常にまれである。一般には傾斜地で、樹形や枝張りもまちまちであり、腐れなどもあるので、立木を十分見極めてから倒す方向を決めることが大切である。しかし次の作業、あるいは次の工程を考え、立木そのものの樹形、隣接木との関係、周辺の地形、風向、風速、伐倒後の作業などを考慮して、伐倒方向を変えなければならないときもあるが、このようなときは受け口を十分に切り込み、クサビなどを用いて伐倒の方向を決めるようにしなければならない。

　全幹作業の場合は、特に後に続く集材作業との関連において荷掛けがしやすいように、また集材機による引き出しが容易なように、スカイラインに対して、伐倒方向が指示されるのが現状であるが、作業員の意見としては、やはり安全な方向ということが作業をする時の基本的な考えのようである。

　伐倒方向の指示については、事業所主任は慎重に決定すべきである。全幹集材の所は伐倒と玉切り作業が分業化され、伐倒方向が一定であるために、普通造材に比べての材の折損が多く見られる。特

に沢筋にスカイラインを張ったときは、索を中心として両側面では
ほとんどが逆山（斜面下方向）に伐倒される場合が多く、それだけ
に伐倒中の折損が多く見られる。

　普通造材の場合では、一般には側面方向に伐倒するのが、能率の
面からも安全の面からも望ましいことである。傾斜上方に伐倒する
方法は、幹と上方斜面とのなす角度がほかのいずれの方向よりも少
ない場合が多く、材の倒れるとき、材自身の重量による加速度がも
っとも少ないので、材の損傷が一番少なく、よい方向であるが、斜
面の立木は一般に上側部の根張りが大きく、伐倒に手数を要し、さ
らに倒れるとき自重によって下方に滑落して材が損傷するばかりで
なく、作業員も滑落する材に巻き込まれて引きずり落とされたり、
伐根や下方立木に挟まれたりするなど、重大な災害を起こしやすい
ので、危険の多い伐倒方向である。また、作業能率からいっても、
玉切り丸太の移動が困難となるばかりでなく、

　1）下方から玉切ることは、上部樹幹が滑り落ちる危険があるた
　　め、ほとんど不可能であり、上部から玉切ることになる。そ
　　の場合、梢や丸太を玉切りのつど片づけなければならない。

　2）切面の傷が不明であるため、品等区分別（製品価値の向上か
　　ら見て）の造材寸法を決定するのに非常に不便である。

　3）樹幹が安定しないため、樹幹下部の皮はぎや枝払いが不可能
　　となる。

　4）玉切りの際、常に上部樹幹の重量がかかる。

以上のようなことが原因して作業能率を落とすことになり、伐倒
方向としては得策でない。下方に伐倒することは、玉切り作業を容

易にしたり、樹幹の傾きをそのまま利用して作業しやすいため、往々にして行われるが、樹幹の転倒、滑落距離が最大で、自重による挫折、折損が甚だしく、損傷のないように下方に倒すことは、ほとんど不可能に近い。また、滑落する危険も大きいから、この方向への伐倒は、ほかの方向に選定できない場合以外は、絶対に避けるべきである。したがって、伐倒方向は傾斜に対して横の方向が材の損傷も最少で、その後の枝払いや玉切り作業が容易であり、一般的によい伐倒方向といえる。このようなことから、伐倒方向の見極めが、伐木造材手の技能向上教育のもっとも大切な要件であり、ほかの職種より最高位の位置づけがされている由縁でもある。

解 説

　「伐木造材作業基準・解説」の改訂版です。1965（昭和 40）年にチェーンソーによる振動病が社会問題となり、1967（昭和 42）年には職業病に認定、1969（昭和 44）年には林野庁で振動機械の使用時間規制が行われるなど、チェーンソーが伐倒作業の主流となった頃に改訂されました。受け口深さについて、現場の状況において常に同じでないことを承知したうえで、チェーンソーを用いることによるリスクを考慮して 1/ 4 を最低基準として決められた経緯が記載されています。また、確実に受け口を作ることが重要視されたと考えられます。

1984（昭和59）年
「伐木造材作業基準・解説 No.68」*より

受け口の深さの考え方

受け口の深さは、原則として伐根直径の1/4以上とし、受け口を作った後でその大きさ、深さおよび方向がよいか十分に確かめ、芯抜けまたは、割れを生じないようにすること。

労働安全衛生規則第477条第1項第3号で「伐倒しようとする立木の胸高直径が40cm以上であるときは、伐根直径の1/4以上の深さの受け口を作ること。」と規定している。

この規定で言う胸高直径40cm以上の根拠については定かではないが本条項が規定された1960、1961（昭和35、36）年当時は天然林材の生産が多く、その大半は胸高直径が40cm程度以上の立木であったことから40cmとしたものと考えられる。

受け口を伐根直径の1/4以上とした規定についても、古くから伐根直径の25〜30%の深さが各地の基準となっていることから決められたようである。

なお、胸高直径40cm未満の立木の伐倒については、労働安全衛生規則に規定がないところであるが後述する受け口を作る目的からして、本作業基準においては胸高直径に関係なく伐根直径の1/4以上として規定した。

なお、一般的に見て大径木になるに従って受け口を深くする必要があり、このため胸高直径50cm以上の大径木については、伐根直径の1/3以上とすることが望ましい。

---

*林業機械化協会（1984）　伐木造材作業基準・解説（No68）．林業機械化協会

受け口を作る目的

立木の伐倒に際して作る受け口の目的、効果としては、

（1）伐倒方向を確実にする

（2）伐倒の際の材の割裂、芯抜けを防止する

（3）立木が倒れるときの速度を緩やかにする

（4）伐倒作業を容易にする

などである。そのためには受け口の大きさ、深さ、方向を適正に作る必要がある。

受け口の位置

資材の有効利用および有利採材を勘案した場合、受け口は伐採点（追い口）ができるだけ低くなるような位置に作ることが肝要である。

受け口の形と大きさ

受け口の形は**図1-18**（A）に示すものが従来から作られてきた一般的なものであるが、**図1-18**（B）に示すフンボルトという形は、戦後、外国から紹介されたものである。この形は伐根が若干高くなるとともに、作業がしにくくなるなどの理由からほとんど普及していない。このため、今後とも**図1-18**（A）に示した形状の受け口を作って欲しい。

次に受け口の大きさであるが、受け口が浅いと材が裂けたり、伐倒方向が狂ったりして危険である。**図1-19**に示すように受け口の深さは伐根径の1／4以上にしている。ただし胸高直径が50cm以上の立木にあっては1／3以上として規定したことはすでに述べたと

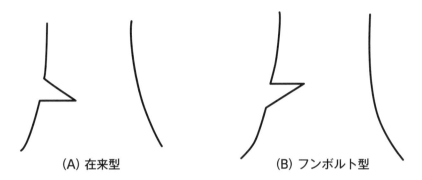

（A）在来型　　　　　　　　　　（B）フンボルト型

図 1-18　受け口の形状

海外から伝わった（B）フンボルト型も紹介されているが、（A）従来型が推奨されている

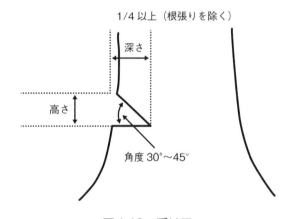

図 1-19　受け口

この作業基準の受け口寸法が示されている

おりである。

　したがって特に裂けやすい樹種や重心の偏った立木は1 / 2程度、天然林大径木などは1 / 3程度以上にすることが好ましい。なお小径木であっても受け口を省略するようなことをしてはならない。受け口は確実に作るという習慣が、伐倒作業の安全を確保する上で是非必要なことである。

　なお、受け口斜め切り（屋根切り）の角度は、労働安全衛生規則第477条の解釈例規（昭36.3.13基発183）により30 〜 45°として規定されている。受け口斜め切りの角度よりも受け口の大きさ、深さ、方向がより重要であるという意見もあるが、受け口斜め切りの角度が小さいと伐倒方向に影響を及ぼすことになるので絶対におろそかにしてはならない。

根張りの切り方とかど切り

（1）まず受け口を作る部分の根張りであるが、立木を伐倒方向に正しく倒すために残す追い口側を除き、**図1-20**（A）に示すように受け口側、両側方はすべて切り取る。

　ただし、傾斜木、偏心木、腐れ木、空洞木、片枝木等の特殊木においては先に切り取らず伐倒方向を規制するため、追い口切りの進行状況に合わせて切り進む。また根張りを切り取った後は、**図1-20**（B）に示すように、伐倒方向の根株の角を切り取り、伐倒時の材の跳ね返りを防ぐようにすると安全である。

（2）受け口下切りおよび斜め切り

　根張りを取ったあとチェーンソーバーをなるべく低い位置に水

平に入れ必要な深さ（1/4〜1/3）まで切り込み、バーを抜く。次に、30〜45°の角度で斜めにバーを入れ、水平切りの挽き終わり線と一致するまで切り込む。この場合大径木ではその角度を小径木より若干大きめにするよう心がける。

　受け口が大きく、深い場合は**図1-21**に示すように2回切りの方法によって作ると作業がしやすい。

（3）大径木の受け口の作り方

　大径木は樹高が高く重量も大きいので追い口を十分切り進めないうちに倒れ出し、ツル幅が多く残り芯抜け、裂け、割れ、伐倒方向の狂い等が生じやすい。

　これらを防ぐ方法としては受け口を作った後、**図1-22**に示すように、チェーンソーバーを受け口下切りの面に沿い水平に動かして、樹芯を突っ込み切りしておくと有効である。

　なお、突っ込み切りをする場合は、はじめからバーを樹芯に直角に当てることを避け、まずバー先端の腹側を使って斜めに当てるようにして若干切り込んだ後、直角に方向を変え、樹芯まで突っ込むようにすると、バーの跳ね返り（キックバック）が防止でき安全である。

（4）受け口の下切りと斜め切りの挽き終わり線

　受け口の下切りと斜め切りの挽き終わり線は完全に合致させなければならない。

　図1-23に示すようにどちらか一方を切り過ぎ、挽き終わり線が樹幹の内部に入ると伐倒方向が狂ったり、引き抜けなどを起こすことがあるので切り直しをして完全に合致させることが必要で

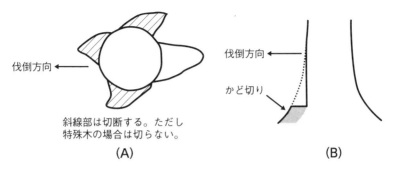

斜線部は切断する。ただし
特殊木の場合は切らない。

(A)　　　　　　　　(B)

図 1-20　根張りの切り方
根張りは追い口側を除いて切り取ること、倒伏後の跳ね返りを防ぐ目的でかど切り
を実施することが記載されている

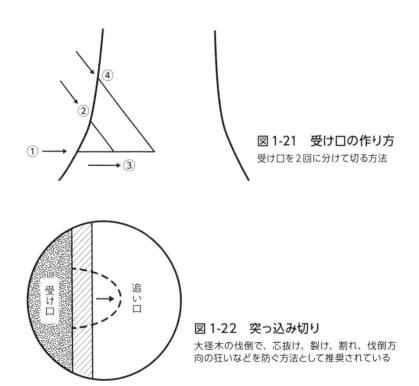

図 1-21　受け口の作り方
受け口を2回に分けて切る方法

図 1-22　突っ込み切り
大径木の伐倒で、芯抜け、裂け、割れ、伐倒方
向の狂いなどを防ぐ方法として推奨されている

ある。

（5）ツルの両端の切り込み

　　根張りの大部分は、受け口と追い口によって処理されるが、**図
1-24** に示すようにその一部はツルの両端に残る。

　　これをそのまま残しておくと伐倒方向の狂いや裂け、引き抜け
の原因となるので、受け口下切りの高さでチェーンソーや斧を用
いて深めに切り込んでおくとよい。

（6）受け口を作るときの作業姿勢とチェーンソーの使い方

（作業姿勢は略す）

　　受け口の切り込み順序は、まず底辺を切り（下切り）、次に底
辺の挽き終わり線に合わせて斜辺（斜め切り）を切るのが基本で
ある。

　　この場合、伐倒方向右側から切るときはバーの下側（腹）を使
って切り、左側から切るときはバーの上側（背）を使って切る。

　　この方法は姿勢に無理がなく、無駄な動きをしなくて済むとい
う利点がある。

　　受け口を切っているときは、正しく切り込みが進んでいるかど
うかに注意し、切り込みがズレていたり、大きさが不適当なとき
は、切り直しをして正しい受け口を作ることが必要である。

　　受け口作りが終了すれば、その方向、大きさ、深さ等を確認す
ることが肝要である。

　　特に受け口の角度、受け口の下切りが水平かどうか、伐倒方向
に対して受け口が正しく作られているかどうか、左右のツルがど
うなっているか等を点検することは言うまでもない。

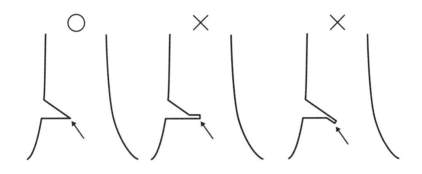

図 1-23　受け口下切りと斜め切り

受け口会合線を一致させることの重要性が説かれている

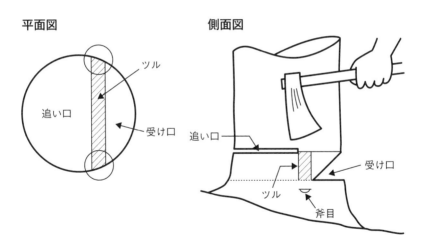

図 1-24　根張りの切り込み

伐倒方向のズレや裂け、引き抜けを防ぐため、「斧目」を入れることが推奨されている

　すでに述べてきたとおり確実、安全な伐倒のできる受け口を作るためには、その立木の重心の位置を知ることが必要である。

　それぞれの立木の重心がどこにあるかを知り、それに対してどの方向に受け口を作り、どのように追い口を切るか、この判断が伐倒作業ではもっとも重要である。

追い口の高さと材の割れ・裂け

追い口は受け口の上辺に近く、樹芯に対して直角に切り込むこと。

　正しい受け口ができると、次は追い口を切り伐倒することになるが、追い口を切り込む位置は**図1-25**に示すように受け口の上辺近くとし、切り込む角度は樹芯に対して直角とする。

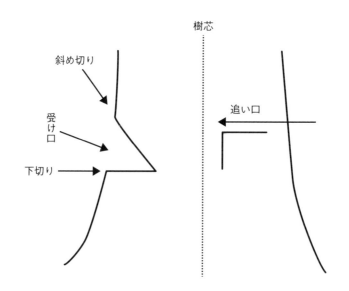

図1-25　追い口の正しい位置
追い口の高さは受け口の上端近くと言及されている

　追い口の切り込む位置を**図 1-26** に示すように受け口下切りよりも低い位置にすると、追い口が切り終わらないうちに早めに倒れ始めたり、伐倒方向が狂ったり、材が裂けたりして危険である。

　次は**図 1-27** に示すように受け口下切りと同じ高さ、いわゆる合わせ切りした場合も前述と同様に早めに倒れたり、伐倒方向が狂ったり、材が裂けたりして危険である。

　特に傾斜木や割れやすい樹種は、追い口が切り終わらないうちに早めに倒れ始め、材

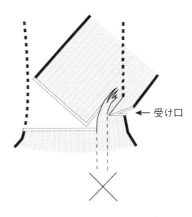

図 1-26　追い口の位置が低い
低い追い口は裂けの危険があると言及されている

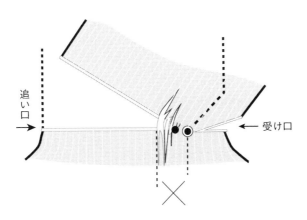

図 1-27　受け口と同じ高さの追い口
受け口と同じ高さの追い口、いわゆる「合わせ切り」でも裂けの危険について言及されている

が裂けるなどして危険である。この場合**図1-28**に示すように、普通より高い位置に追い口を入れ、いわゆるゲタ（段差）を大きく取って追い口を切り進めることにより、材の裂けを防止するとともに、樹幹の倒下速度を遅らせることによって、材の損傷防止を図る方法をとるとよい。

次は、重心の反対方向に伐倒するいわゆる起こし木の追い口の位置であるが、**図1-29**に示すように立木を起こしやすくするため、ゲタ（段差）を小さくする方法をとるとよい。

伐倒方向と重心方向が一致しない場合の伐倒方向の規制

立木がすべて垂直に立っており、風も吹いておらず、枝も四方に均等に張っていれば、重心に偏りがなく容易に任意の方向に伐倒でき、問題が少ないということはすでに述べたとおりである。

しかし、傾斜地の立木の重心方向は、傾斜下方に偏っているのが普通であり、このような立木は伐倒時にはその重心方向に倒れようとする傾向にある。しかしすでに述べたように作業の安全、材の損傷軽減などから伐倒方向は横方向ないしは斜め下方としなければならないから、立木が倒れようとする方向と伐倒方向は一致しない場合が多い。

伐倒方向の規制とは、このように立木がその重心方向に倒れようとするのを抑制して、作業者の望む方向に伐倒することを言う。

実際の作業ではこの方向規制を必要とすることが極めて多い。

立木の重心が著しく偏っている場合は特殊な伐倒の部類に入り、指示を受ける作業となるが、それ以外の場合は追い口の切り方によ

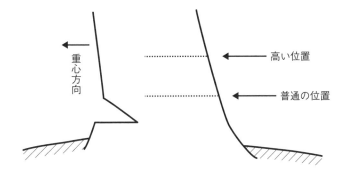

図 1-28　追い口の位置（重心方向などに倒す場合）

重心方向に倒す場合は追い口を高くすることで、裂けを防ぐことができると記載されている

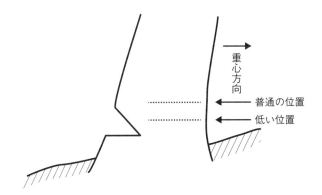

図 1-29　追い口の位置（起し木などの場合）

重心の反対方向への伐倒では図 1-28 とは逆に、追い口を低くすればクサビ等で起こしやいと記載されている

り方向を規制することができる。例えば**図1-30**に示すように、重心の方向が谷側にあるときにこれを斜め下方に伐倒しようとすれば、受け口を図のように作り、追い口を実線の位置まで進め、クサビBを強く効かせれば予定どおりこの立木は斜め下方（矢印方向）に倒すことができる。

追い口の高さと次工程の作業効率

製品資材の集約採材、製品価値の向上を図ることは、伐木造材作業を実行するに当たって留意すべき事項である。

そのためには、伐採点を極力低くしなければならないが、このことによって次工程の集材作業はもちろんのこと、集材跡地の地拵え

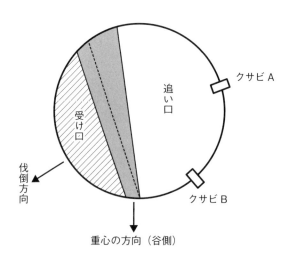

図1-30　左右のツル幅を変えることによる伐倒方向の規制
重心方向が谷側にある木を斜め下方に伐倒する際、重心方向と反対側のツルを厚くし、クサビを効かせることで、目標の方向へ倒すことができると言及している

等についても作業が容易となる。追い口の高さが受け口と同じであれば伐倒後図1-31の（A）に示すようにゲタ（サルカ）を切り落とすだけで済むが、これが低すぎると、（B）に示すように木口全体を再度切り直さなければならず、それだけ手間がかかることになる。

残すべきツルの幅

図1-32に示すように受け口と追い口の間の挽き残し部分、いわゆるツルは伐倒する立木の根株と樹幹との張り合いを保つ蝶番の役目を果たしているので、切り過ぎてもまた残し過ぎてもよくない。

ツルの切り過ぎは立木の安定が保てなくなり伐倒方向を急変させる原因となる。

また逆に必要以上に残して、クサビを無理に打ち込んで伐倒すると樹幹が裂けることが多く非常に危険である。

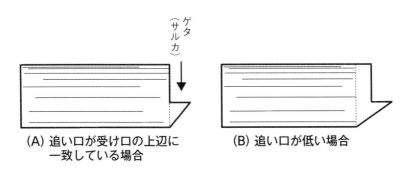

（A）追い口が受け口の上辺に　　（B）追い口が低い場合
　　一致している場合

図1-31　ゲタ（サルカ）の切り落とし

追い口を受け口の上端と同じ高さに作ることで、後工程（切り直し）の手間が減らせるという趣旨の記載がある

　残すべきツルの幅は「林業労働における安全点検の手引き」（林業労働災害防止協会発行）によると、直径の10％が一応の目安であるとされている。しかしこれはあくまでも目安であるから樹種、重心方向等によって判断し、加減しなければならない。

　ツルは伐倒方向を確実にする重要な部分であるから、追い口を切り進める段階でツルを切り過ぎないよう十分注意することが大切である。

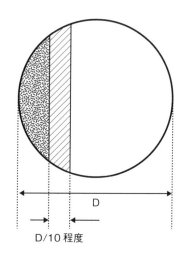

D/10 程度

図1-32　ツルの幅
ツルの幅の「直径の1/10」という数値は「目安」と明記されている

大径木のツルの残し方

　大径木は樹高、重量ともに大きいので、一般に追い口が切り終わらないうちに早めに倒れ始める傾向にある。したがって、**図1-33**に示すように追い口は突っ込み切りの方法により切り進め、追いヅルを残す方法を用いると安全な作業ができる。

　この場合は、伐倒時の作業者の位置の反対側から切り込み、次いで作業者側に移って切る。

1
章

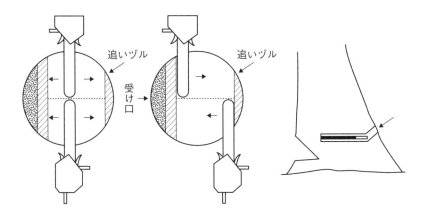

図 1-33　追いヅル切り

追い口を切っている途中で倒れ始めることを防ぐなど、安全な伐倒法として紹介されている

伐倒方向の決定手順

　樹形、隣接木、地形、風向、風速、伐倒後の作業などを考えて、もっとも安全な方向を選ぶこと。

（中略）

１．傾斜木または偏心木の伐倒

　　一般的にみて林地傾斜が急になればなるほど立木の傾斜および偏心の度合いが強くなるので作業の安全を第一に考え、重心方向に逆らった無理な起こし木はしないようにすること。

　　なお、やむをえず重心方向の反対側へ伐倒しなければならないときは、手動牽引具等を使用して伐倒することが大切である。

２．傾斜上方（山側）への伐倒

　　山側への伐倒方法は、不可能ではないが一般的にみて程度の差

はあるものの起こし木となるほか、根張りが大きく伐倒作業に手間のかかる場合が多い反面、幹と上方斜面とのなす角度が小さい場合が多く、材の倒れる際の材自身の加速度が少ないことから材の損傷が少なくて済む。

　安全を確保する上での問題点として、伐倒方向の斜面、あるいは地物の状況によっては材が倒れる瞬間に元口が跳ね上がり、そのまま自重により斜面を滑落する場合が見られる。このような状況になると作業者が滑落する伐倒木に巻き込まれ引きずり落とされたり、下方の立木や伐根に挟まれたりするなど危険性が高いので慎重に行う必要がある。

　地方により民有林の人工林などにおいて山側伐倒を行っているところもかなり見られる。

　山側伐倒の作業手順としてはまず初めに追い口を鋸断し、クサビを入れる。次に斧を使用し、ツルを多めに残すようにして受け口を作る。最後に追い口のクサビを打ち込みながら徐々に倒す。このように山側伐倒では作業手順が普通と違い受け口と追い口が逆になることである。

３．重心が谷側に偏った立木の伐倒

　伐倒方向を重心の偏った谷側にとることは、伐倒作業そのものについてはもっとも容易であり確実である。しかし、一般的にみて幹と下方斜面とのなす角度がほかのいずれの伐倒方向よりも大きい場合が多く、材が倒れるときの材自身の加速度がもっとも大きくなるので樹幹の折損、胴打ちなど材の損傷が大きいうえ、折損した樹幹や枝条の飛来などの危険性も大きい。

　伐倒方向としてもっとも好ましいのは、特殊な場合を除き、一般的には横方向が理想的である。横方向に伐倒した材は安定がよく伐倒後の作業も安全かつ容易である。

　しかし横方向であっても地表にシワあるいは岩石等の突起物に注意し方向規制を行わないと、材が損傷したり、損傷した樹幹、枝条等が飛来し思わぬ災害を招くことがあるので注意しなければならない。

　なお、急斜面等で横方向への伐倒が困難な場合は斜め下方が好ましく、以上のことを要約すると**図1-34**に示すようになる。

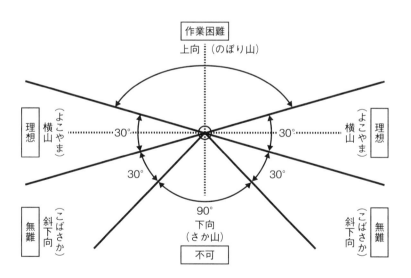

図1-34　伐倒方向
当時は、下方伐倒は不可とされていた

　次に伐倒方向の決定に当たっての具体的な手順としては、

① 作業着手前にその日の作業箇所の地形や立木の状況を把握すること。

② 同一伐区に複数の作業者を入れる場合には、作業着手前にそれぞれの作業役割、作業位置、伐倒方向、伐倒順序、合図など、安全を確保するうえで必要な事項について十分打ち合わせを行うこと。特に上下、接近作業には絶対にならないよう措置すること。なお、やむをえず行うときは主任等の指示を受けること。

③ 伐倒する立木を主体にその隣接木数本を、若干、離れた位置から眺め概略の伐倒方向を見定めておくこと。

④ 伐倒する立木の根元で、その立木について伐倒方向決定の基本事項を検討するとともに、その立木の根元に根元を背にして伐倒方向を向き、樹冠と立木の傾きを確認し伐倒方向を決定する。

　伐倒方向の決定の精度を高めるためには、安全で確実な伐倒作業の積み重ねによる技能の向上が最良の方法である。

　作業者は自分自身の持っている技能がどの程度であるかを十分承知し、過信することなく、日々行う1本ごとの伐倒作業を慎重に行う必要がある。

解　説

　伐木造材作業基準の最終改訂版です。林野庁の伐倒技術の集大成とも言える内容ですが、この中では後述のドイツの技術書（81頁参照）を参考にした部分が多く見られまし

た。民有林の技術と違いが見られるのが追い口の高さです。受け口上辺ギリギリに追い口を設け、その後の切り直しを少なくすることが指摘されていました。ツル幅についての記述もありますが、あくまで目安としています。

　この後国有林は直営生産を縮小・廃止へと進んでいきます。また、大径木が少なくなり、除伐や間伐の小径木を対象にした作業が全国的に多くなっていきました。

伐倒技術の変遷から考える

　過去の技術書の記述を見てきました。現在の受け口や追い口に関する数値はこれらのような技術変遷を経て経験則で決められてきたのです。斧だけを用いる伐倒から、斧と鋸による伐倒、2人用チェーンソー、現代の1人用のチェーンソーと道具は大きく変わっていきました。しかし、道具が変わっても作業の対象とする木は変わりませんので、道具の変化によって受け口や追い口に関する数値はあまり変化しなかったようです。次にそれぞれの数値の変遷をまとめてみます。

受け口の深さ

　受け口の深さについては、次のように記載されていました。

1907（明治40）年：斧のみの伐倒では受け口を材の中心を過ぎる
　　　　　　　　　まで水平に切り込む。斧と鋸や鋸のみの伐倒
　　　　　　　　　では直径の1/ 5〜1/ 4

1924（大正13）年：直径の1/ 3を標準

1930（昭和5）年：中心に向かい4分通り（2/ 5）

1941（昭和16）年：切断部の直径の2割〜2．5割位の深さ（1/ 5
　　　　　　　　　〜1/ 4）

1960（昭和35）年：原則として直径の1/ 3以上、裂けやすい木で
　　　　　　　　　は1/ 2程度の深さ

1969（昭和44）年：直径の1/ 4以上（最低の基準）

1984（昭和59）年：伐根径の1/ 4以上（根張りを除く）、胸高直径
　　　　　　　　　50cm以上の大径木については、伐根直径1/ 3
　　　　　　　　　以上とすることが望ましい

現　　在（出版時）：根張りを除いた伐根直径の1/ 4以上
　　　　　　　　　大径木では、根張りを除いた伐根直径の1/ 3
　　　　　　　　　以上

解 説

　受け口の深さに関する記述は古くからあり、その重要性
が早くから認識されてきたと考えられます。斧のみの伐倒
では材の中心を過ぎるまで切り込む必要がありましたが、
その後、鋸を使用するようになってからは裂けやすい木を
除いて、直径の1/ 5〜1/ 3の範囲でその指針が変化し

てきたようです。

　また、おそらく斧と鋸による伐倒作業では受け口を小さく作る方が楽だったのでしょう。小さい斧を携行すれば荷物も軽くなります。小さい受け口で作業を進め、伐倒方向が変わることや裂けることの原因となることが指摘され、深く受け口を作るよう指導されたのだと考えられます。

　チェーンソーによる伐倒が主流となってから、特に注目すべきは1969（昭和44）年に最低の基準として1/4以上とし受け口を作ることを作業基準として義務づけたことにあります。その経緯は39〜41頁に記載されています。実はこの部分が非常に重要で、現在の基準の根拠として正しく伝えられなければならない事柄です。「深い受け口が望ましいけれどチェーンソーを使うと切り過ぎが怖いので、やや浅めの1/4を狙って確実に受け口を作りましょう」というのが基準の趣旨と言えるでしょう。

受け口の角度

受け口の角度については次のように記載されていました。

1930（昭和5）年：間口の大きさより深さをやや大きくなる程度
　　　　　　　　　（45°以下）
1960（昭和35）年：30〜45°、一般に45°
1969（昭和44）年：受け口の大きさによる

1984（昭和59）年：30 ～ 45°

現　在（出版時）：30 ～ 45°

解 説

　受け口の角度について 1969（昭和 44）年の基準では「30 ～ 45°」とはっきりとした角度で示されていません。林野庁 OB の河野晴哉氏（労働安全推進に活躍、緑十字賞を受賞）によりますと、「受け口について林災防の規定はスギ、ヒノキなど針葉樹を対象とした木曽の伐木法を手本にしていて、元玉を経済的に採材するため、受け口の角度 45° というのは抵抗があり、最低 30 ～ 35° という規定であった。国有林を中心に広葉樹の伐倒の際は安全のため 45° 程度に広く作られてきたのと整合性を取って現在に至っている」とのことでした。

　また、斧で受け口を作る場合には刃物の切削角度として 45° 程度がもっとも効率が良かったのでしょうが、受け口の角度が重要であるという記述は見られませんでした。現在では元玉の価値も変化が見られます。大径木や高級材以外は大きな角度の受け口を作っても問題がない状態になってきています。現状に合わせてどの角度にすればよいのか、海外の指導方法を含めて見直す必要がありそうです。

追い口の高さ

追い口の高さについては次のように記載されていました。

1907（明治10）年：斧のみの伐倒では受け口より３〜５寸高く切
　　　　　　　　り込みその切り口（ロ）の先端が切り口（イ）を
　　　　　　　　超えるまで切り込む
　　　　　　　　吉野の伐木法ではスギは目通り周囲長３〜５
　　　　　　　　尺のものは、いわゆる裏の鋸を入れる所を受
　　　　　　　　け口より１寸高く上げ、６尺以上のものは２
　　　　　　　　〜３寸、１丈以上のものは５寸以上高く上げ
　　　　　　　　る必要がある。ヒノキは受け口より５分高く
　　　　　　　　しなくてはならない

1930（昭和５）年：受け口の上面の高さに

1941（昭和16）年：反対側のやや上部を切り付け

1960（昭和35）年：受け口の上辺に近く、なるべく水平に

1969（昭和44）年：受け口の上辺に近く、樹芯に対して直角に

1984（昭和59）年：受け口の上辺に近く、樹芯に対して直角に切
　　　　　　　　り込む

　文献の本文は示しませんが、この後の林業労働災害防止協会の
テキストでは次のように変化します。

1977（昭和52）年：受け口下切りより３cm以上、上に

1978（昭和53）年：受け口の上辺に近く

1980（昭和55）年：受け口高さの 70 〜 80％の位置

現　在（出版時）：受け口の高さの、下から 2／3 程度の位置を、

　　　　　　　　　水平に切り込む

※受け口の上辺は受け口上端と同じ

解説

　追い口の高さは受け口上端（斜め切りの切り始め）に近いところに入れるという指導が多く見られました。1969年の作業基準には「追い口を作るに当たっては、作業能率の向上を考えて、伐倒後のサルカの取り除き、手直しを少なくするため、できるだけ受け口の上辺近くに鋸を樹芯に直角に入れることが必要」という理由が明記されていました。特にチェーンソーが十分に普及する以前は、鋸での作業となるためサルカ切り等の元口の切り直しの手間は無視できないものだったのでしょう。その後の作業基準・解説（1984年）まで、受け口上端に近い高めの追い口が推奨されていました。

　一方、林業労働災害防止協会のテキストでは 1977 年、1978 年、1980 年の短期間に記載されている数値（追い口高さ）が変化しました。河野氏によると、「かつて林災防の規定では受け口の下切りより 3 cm 以上高くするという規定であったようであるが、国有林に多い広葉樹などの高い追い口を必要とする伐倒作業を考慮して現在のようになっている」とのことでした。また、受け口上側（受け口上端）よりやや下に入れるという意味で 2／3 という数値で表現したことから現在の基準ができたとのことでした。

ツルの幅

ツルの幅については次のように記載されていました。

1907（明治10）年：吉野の伐木法では斧と鋸との使用割合は鋸7
　　　　　　　　分斧2分にして、1分は（俗にツルと言う）
　　　　　　　　その立木によって自然に倒れさせるのがよい。
　　　　　　　　ヒノキは斧2分3厘、鋸7分とし7厘はその
　　　　　　　　木が自然に倒れる際に切断するべき

1941（昭和16）年：直径の1割〜5分

1984（昭和59）年：直径の10％が一応の目安

現　在（出版時）：ツルの幅が伐根直径（根張りを除く）の1/10
　　　　　　　　程度

解|説

　ツルの幅については1907年の文献（21頁）に吉野地方
のスギで1/10を残すことが記載されています。しかし、
そのほかの樹種も含めて決められた、1969年の伐木造材
作業基準（39頁）では明記されていません。1970年に翻
訳されたドイツの林業技術書（81頁）には、「根株の切断
の直径の約1/10に見積もらなくてはならない」、1982
年の「林業機械ハンドブック」には「ツルの幅は立木の直径
の約1/10が適当」とありますので、このような考え方が
あったのは間違いありません。しかし、1984年の伐木造

材作業基準でも他書を引用して「直径の 10％が一応の目安」(60 頁) とあるように、遅くまで基準として定められることがなかった数値です。さらに 1/10 の基準となる直径についても、胸高直径や根株径、根張りを除く根株径とさまざまな見解が有りました。

なお、2019 年に改正された労働安全衛生規則 (伐木作業における危険の防止) 第 477 条では、「適当な幅の切り残し」という表現で数値による指定はされませんでした。このようにツル幅の数値が遅くまで定まりませんでした。これは伐倒技術として統一して数値化することに難しさがあったと考えられます。実際の伐倒作業においては、この数値が目安であることを理解しておく必要があります。樹種や木の生えている立地や成長具合等の条件によって、ツル幅は変える必要があるのです。

伐倒方向

古くから大径木の伐倒など材の品質を劣化させないためには上方伐倒が推奨されてきました。大径木は自重が重く、心材部が多いため全体にもろくなっており、下方や横方向への伐倒では材質の劣化が避けられないことが理由であるとされています。古くからの林業地である吉野地方では、切り捨てされる木以外は山側に伐倒されてきたと伺いました。伐倒後に葉枯らしを行うことで、心材の色を良くすることや乾かすことで軽くしてから搬出する目的もあるそうで

す。

　上方向の伐倒では基本的に木の重心位置が谷側にあるため、ロープを掛けてけん引するなどの補助が必要で伐倒作業に手間が掛かることになります。また、倒れた木の元口が跳ね上がることや滑り落ちることが想定され、リスクが高いことは間違いありません。一方、下方向の伐倒は木の重心方向であることが多く、伐倒作業の能率は高くなります。しかし、幹折れなどの損傷が大きくなるほか、伐倒木の滑落距離が長くなること、折れた幹や枝の飛来のおそれがあります。

　伐倒作業の安全性だけを優先にすれば斜面の横方向か、斜め下方に倒すのが良いのでしょうが、その後の枝払いや集材のことを考慮すると安易に決めてよいとは限りません。チェーンソーで枝払いをする場合には通常作業者の右側でチェーンソーを扱うため、斜面上方に向かって左に伐倒した木では、幹の下方での作業を避けると、梢端からの枝払いとなるので作業能率が落ちます。また、列状間伐では横方向に伐倒すると全木材では集材が困難です。さらに、ハーベスタやプロセッサで造材する場合は集材時に元口側から受け渡す方が効率が良くなります。

　伐倒方向は伐倒作業の安全性と手間、さらに集材木の品質保全とその後の作業の都合を持って決められるべきです。伐倒方向によってリスクも変わってきますので、そのことについては十分に考慮して作業にあたるべきです。

海外の伐倒技術

海外の技術はいつ日本に伝わったか

　海外の伐倒技術について日本語に翻訳された文献を見ていきましょう。2人用チェーンソー、1人用チェーンソーと新たな機械が開発されるたびに、海外から伐倒技術を国内に紹介する意図があったと思われます。また、北欧で生まれた全く新しい伐倒技術もあまり時期を経ずに伝わってきていました。

1952（昭和27）年「伐木運材ハンドブック」*より

　この文献は1951（昭和26）年1月に米国農務省から発行されたもので、1952年に林業機械化協会が翻訳しました。伐倒に関する技術の中心は斧と鋸によるものですが、2人用のチェーンソーによる技術も紹介されていました。2人用のチェーンソーは戦後すぐにアメリカ軍が持ち込んだとされており、1941（昭和22）年には国有林

*米国農務省（1952）　伐木運材ハンドブック. 林業機械化協会

でも使われたことが記録に残っています。この頃の伐倒から集材まで多岐にわたる内容の文献ですが、斧と鋸を併用した伐倒について受け口と追い口に関する記述、チェーンソー伐倒に関する記述を見ていきます。

材を無駄にしないよう受け口の位置は低く

受け口は、倒す方の側に付ける。この切り込みをつけておけば、木はその部分を支点として切り株から離れ、正しい方向に倒れる。

今まで、切り株をあまり長く残しすぎて、せっかくの良い材をずいぶん無駄にしていたが、この高さは、なるべくならば、地上30cm以下におさえた方がよい。切り株を低くしておけば、地引き運材をする時などもじゃまにならなくてよい。言うまでもなく、岩などのじゃま物があって低く切れない場合とか、根元が腐っていて安全に切れない時、あるいは、釘などの金物があって30cm以下には切れない場合には、この限りでない。

以前は、斧だけで受け口を作ったものであるが、今では、細い木は別として、まず、その木の直径の1/4の深さまで平らに鋸を入れるのが普通である。木が細ければ、その反対側に、それよりも浅い挽き溝を入れ、そこにクサビを打ち込んで切り倒すのが一番よい。

太くて傾いている木の場合には、もっと深い受け口をつけた方がよい。普通、受け口は、鋸挽きの面に対して45°の角度をなすように上方から斧ではつって作る。これよりも角度を大きくとれば、余計な仕事をしなければならないし、また、あまり小さすぎると作業がしにくい（**図1-35**）。

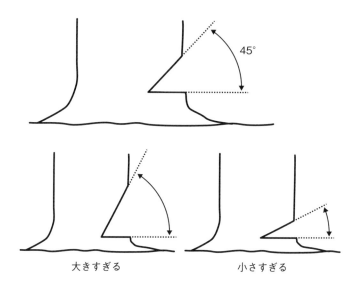

45°

大きすぎる　　　　　　小さすぎる

図1-35　受け口の作り方
下切りは鋸で、斜め切りは斧で切るとし、作業効率の観点から45°が標準とされている

追い口－ツルの切り残し量に言及

追い口（**図1-36**）は、必ず鋸で挽いて付ける。その位置は、受け口の底より5cmほど高めに選ぶ。普通、挽き残りが2.5～5cmになるまで、受け口の底面に平行に挽き溝を入れてゆくのであるが、そこまで挽いても、まだ木が倒れない場合には、鋸の後ろに伐木用のクサビを1、2本打ち込んで伐り倒す。挽き残しの部分は、これを支点として、うまく倒すのにぜひとも必要であるから、それ以上深く挽き込んではいけない。2人挽きの鋸で追い口を入れる時には、片方だけが早めに切り込まないように、相手の鋸がどのくらい受け口に近づいているかを、お互いによく気をつけていることが必要である。

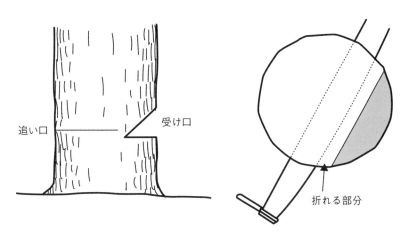

図 1-36　追い口のつけ方

追い口は受け口の下切りより5㎝高く入れ、ツルを 2.5 ～5㎝残すと記載されている

チェーンソーによる伐倒—別の技術が必要

　チェーンソー(筆者注：2 人用チェーンソーのこと) を使って伐り倒す揚合には、いささか別の技術が必要である。まず第一に、機械鋸は、手鋸とか斧と違って、上向きに挽く方がはるかにやりやすいので、ほとんどの場合、下向きの受け口を作り、上下面とも、チェーンソーで挽き出す。斧は全然使わない。この型の切り込みは、始めカリフォルニアでやりだしたもので、俗に「ハンボルト」(筆者注：フンボルトのこと) と呼んでいる (**図 1-37**)。これの一番の利点は、伐り倒した材の元口が大体平らに仕上がることで、そのため、普通の上向きの受け口の場合よりも歩留りがよく、また、良い材が得られる。このハンボルト型の切り込みの隅をいつも、真っ平らに挽き出すには、一緒に仕事をする 2 人とも、ある程度、その作業に馴れている必要がある。

　馴れない者にはコの字型の受け口 (図 1-38) の方が作りやすいが、仕事はいくらか面倒である。この時も平らな元口の材が得られるように、受け口の上の挽き溝は、追い口の挽き溝よりもほんのわずか低くめにする。上下の、平行な挽き溝の間の木部は、片刃斧の後ろに手斧のような刃のついたプラスキイという斧でえぐり出す (図 1-39)。

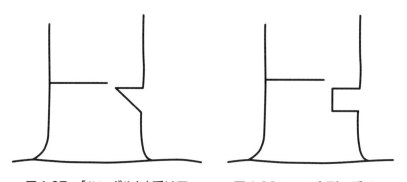

図 1-37　「ハンボルト」受け口
下向きの受け口としてハンボルト (フンボルト) が紹介されている

図 1-38　コの字型の受け口
作業に不慣れな人向けとして紹介されている「コの字型」の受け口

図 1-39　プラスキイ (Pulaski)
コの字型受け口を作る (えぐる) ための道具として紹介されている

解説

1章

　この文献では以上のように受け口と追い口、ツル幅の寸法が記載されているほか、受け口方向と伐倒方向を確かめる道具（ガンスティック：**図 1-40**）や、伐倒時に折れて飛ぶ枯れ枝（ウィドウ・メーカー：**図 1-41**）、裂け上が

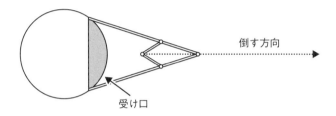

倒す方向

受け口

図 1-40　ガンスティックの使い方
受け口会合線の左右端に当てがい、伐倒方向を確認するための道具

図 1-41　伐倒時に折れて飛ぶ枝（ウィドウ・メーカー）
日本語訳としては「ウイドウ・メーカー」が当てられていた（widow maker：直訳すると「寡婦を作るもの」。作業者（男性）を死に至らせる危険なものという意味）

り現象 (バーバーチェア：**図1-42**)、斧目に相当するコー
ナーカットの技術 (**図1-43**A)、裂け上がりを防ぐ方法 (**図
1-43**B) も紹介されていました。

図1-42　材の裂け上がり現象 (バーバーチェア)

日本語訳として直訳の「床屋のイス」が当てられていた。裂け上がる動きをイスの
背もたれが倒れる動きに見立てたものだろう

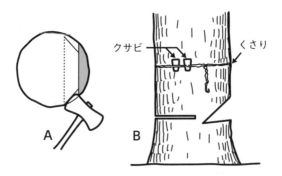

図1-43　コーナーカットと裂け止め

Aは斧目に相当するコーナーカット、Bは裂け上がりを防ぐ方法

　また、チェーンソーを用いた伐倒についてはフンボルト受け口とコの字型受け口が紹介されていました。原文では、チェーンソーでは切り上げる方がやりやすいので下向きの受け口を作ること、この形の受け口はカリフォルニアで始まり"ハンボルト"と呼んでいること、の記述がありました。

　このときのチェーンソーは２人用で重く、１人の作業者はバー先端に付いた取っ手を持ちます。また、フンボルト受け口の会合線を一致させるのは難しかったと考えられる記述もありました。そこで考案されたのがコの字型受け口です。ただし、コの字の縦の部分は手斧のような道具（プラスキイ）でえぐり出す必要があったようで、手間と労力がかかりました。チェーンソーが軽量化され１人でも扱える道具となったことで、手間のかかるコの字型受け口は使われなくなったと考えられます。一方、フンボルト受け口は伐倒後のサルカ（ゲタ）部分の切り直しが少ないなど利点があったようで、北米では今でも使われていますが、日本国内で普及していくことはありませんでした。

1970（昭和45）年「図解による伐木造材作業法」*より

　この文献はドイツの林業労働学校における技能教育の教科書「Forstgerechtes Baumfällen」の第４版（1965年）を翻訳したものです。記載されているチェーンソーは１人用で、ソーチェーンもチッパー型のようです。現在使われている技術の基礎がこのころまでに確立されたと言ってよいでしょう。突っ込み切りの方法や、それ

---

*ヒルフ H.H.・プラッツエル H.B.（1970）　図解による伐木造材作業法. 日本林業調査会

を用いた追いヅル切りと同じ伐倒技術も載っていました。ドイツで
は第3版（1960年の改訂）でチェーンソー技術が加えられたと緒言
にありますので、日本とほぼ同じ時期にチェーンソーの導入が進ん
でいったと考えられます。内容について受け口や追い口に関する重
要な部分を紹介しながら見ていきましょう。

受け口の目的

図1-44を参照してください。

① 受け口はその高さと深さで幹の折れる位置を決められる。

② 折れる位置はできるだけ低く、また裂けを少なくするようにしな
ければならない。

③ 受け口を作らないと幹は裂け、折れてしまう。

④ （略）

⑤ 受け口は会合線によって確実な伐倒方向の案内をする。受け口は
材としては無駄になるので、目標とされるより高く作られてはな
らない。

⑥ 受け口の下切り（a）は、できるだけ地際に近く、大抵の場合平らに
切られる。受け口の斜め切り（b）は、できるだけ傾斜を緩くしなく
てはならない。腕のよい作業員は受け口角度を（受け口高さ：受
け口深さ）1：2になるようひざまずいて斧で掘るが、2：3の傾
斜がより望ましい。下切りと斜め切りは会合線で落ち合う（ツル）。

⑦ 受け口下切りと斜め切りは、受け口を切るとき、⑦のように幹
の内部で、会合線以上に入ってはならない。さもないと幹は伐
倒の際に案内を失う。

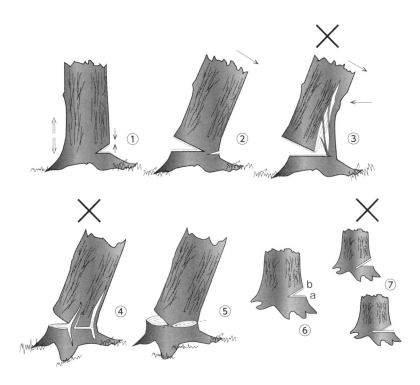

図1-44　受け口の目的
裂けを防ぐ目的のほか、受け口会合線の一致の重要性が説かれている

受け口の形

図1-45を参照してください。

① 会合線aのところの角度が受け口角度である。受け口角度が広ければそれだけ伐倒方向が確実に守られる。受け口深さを深くすると裂けが少なくなるが、木材をより多く失う結果となる。

②③ 伐倒方向を正確にするには、ツルの長さbが重要である。受け口深さが直径の1/10のときツル幅は直径の6/10しかないが、受け

口深さを直径の 2/10 まで入れれば、ツル幅は直径の 8/10 まで広がる。直径の 3/10 までの深い受け口を作ると、ツル幅は直径の 9/10 にまでなる。さらに太い幹では、特に広葉樹や傾斜木では、より深い切り込みが必要とされる。正しく形づけられた受け口は、伐倒方向を正確に守り、天然更新を保護するためや、かかり木の危険が生ずる所では重要である。

④ 受け口角度を大きくしすぎると多くの木材が木屑となり、幹の量が減らされるという損失が生じる。

⑤ 受け口の角度が小さいと、受け口の下切りに斜め切りが早く乗りかかるため、幹がそれによってはじき上がり裂けてしまう。

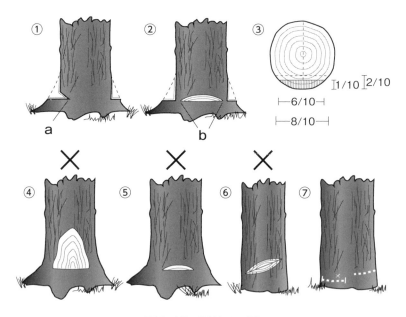

図 1-45　受け口の形
受け口の適正な形や大きさのほか、受け口の深さとツルの長さの関係に言及している

⑥ 会合線が傾いた受け口（人の口のような受け口）は、水平の追い切りによって一方へより多くの木材を残す。木はそれによって望ましい伐倒方向から偏ってしまう。

⑦ 貴重な木や初心者が作業する際には、受け口と追い口を正しく付けるために、受け口の深さ、受け口の位置、斜め切りの高さ、追い口の位置、ツルの位置を記しておくべきである。

ツルと追い口高さ

図1-46を参照してください。

①② ツル（a）は、倒れる木の伐倒方向を制限する。追い口高さ（b）は、裂けの危険を防ぐ。ツルを残さずに追い口を切ると木は案内を失う。

決められた伐倒方向へ幹を倒すには、ツルを残しクサビを用いる。ツルが強ければ、案内はよく、伐倒方向は確実ではあるが、裂けの危険が増大し、またクサビも強く打ち込まなくてはならない。

③④⑤⑥ ツル幅（a）は、根株の切断の直径の約1/10に見積らなくてはならない。風があったり傾斜していたりするとき、より重い力がかかり早く切断するので、よりしっかりしたツルを作らねばならない。しかし、そのときより強いクサビを必要とする。嵐のときは、より強いツルでも伐倒方向を保証し得えないから、伐倒は中止されるべきである。

追い口高さ（b）は標準的には受け口高さと同じ高さに設ける。その際、直径の10％程度の高さを確保し、この部分が折れていくことができるように作る。小径木に1：2（受け口高さ：受け口深さ）

の受け口を作ると追い口高さを受け口高さと同じにしても 10%に満たないことがある。また、大径木では受け口高さ：受け口深さを 1：1 に受け口を作り、その高さに追い口高さを合わせると 10%を超えることがある。伐倒方向に傾いた木では追い口高さは大きめに、起こし木ではより小さくしなくてはならない。

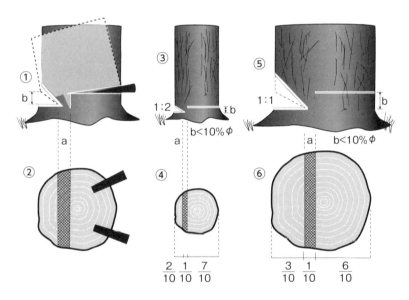

図 1-46　ツルと追い口高さ

ツルの幅、追い口高さともに、直径を基準にしている

解説

　受け口について見てみると、元玉付近の材を無駄にしないような配慮が各所に見られます。受け口角度についても同じ目的で 26.6 〜 33.7°というように狭い角度の受け口を推奨しています。日本においても元玉付近の材の無駄が少ない指導は受け入れやすかったと思われます。ツル幅や追い口高さについても木の大きさに合わせて 10％程度確保する必要があるとされています。また、この文献に掲載されていた受け口会合線と追い口高さの関係による裂けの発生については、本書の2章で解説します。

　日本の伐倒技術に近く、「伐木造材作業基準・解説 No.68」（46頁）にもこの文献を参考にした箇所が多く見られました。

1983（昭和58）年
「チェーンソー　使い方と点検整備」*より

　この文献はスウェーデン林野庁がまとめたチェーンソーの教則本（The Chainsaw - Use and Maintenance）を翻訳したものです。あとがきに 1980（昭和55）年に長野県で取り上げられたとありますので、1980 年までにスウェーデンで確立された伐倒技術が紹介されていると言ってよいでしょう。

　この文献にはオープンフェース受け口に通じる考え方が記載され

---

*スウェーデン林野庁（1983）　チェーンソーー使い方と点検整備. エレクトロラックス ジャパン（現：ハスクバーナ・ゼノア）

ていました（図1-47、図1-48）。この後1984年にスウェーデンの林業試験場にあたる機関から発行された英語の文献[*]に現在オープンフェースと呼ばれるものと、同じ受け口角度と深さや追い口高さ

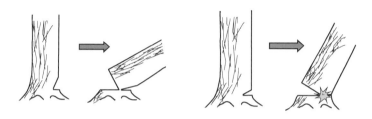

図1-47　受け口の広さ

次のような説明が加えられている。
「受け口の広さは、木が倒れる間できるだけ長く保つよう大きく作る」（図左）、「もし受け口の広さがあまり狭いと、木が倒れ始めてすぐ間隔がなくなり、倒す案内としての役目がなくなる。立木が半分も倒れないうちにツルが壊れてしまう」（図右）

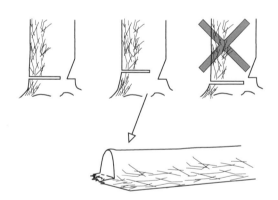

図1-48　追い口の高さ

次のような説明が加えられている。
「追い口が、受け口の高さと同じかまたはわずか上であればツルは最大の効果を果たす。追い口と受け口の高さの差があまり大きいとツル幅を決めるのが難しくなり、木が裂けて折れるので伐倒はより困難となる。もし、受け口より追い口が高いと、木の切り口に切り残しができる」

[*] Skogsarbeten (1984)　Felling Manual

の伐倒技術が紹介され、その後の同種の伐倒技術の元となりました。

　ほかにこの文献には、枝払い時のチェーンソーの進め方、かかり木処理の注意点と木廻しの方法、造材時や風倒木処理のための応力がかかった木を鋸断する「Vカット」についてなど、さらにはフェリングレバーやそのほかの伐倒用道具類といった、当時の北欧で最新の伐倒造材技術が掲載されています。

　また、イヤマフとバイザー付きヘルメットや下肢の切創防止用保護衣といった林業専用の安全装具も紹介されています。日本では 1984（昭和 59）年の伐木造材作業基準で見ると、保護帽、耳栓等、防振手袋の着用は義務づけられていましたが、特に林業に特化した保護具ではありませんでした。安全装具の開発や普及に関しては最先端であったことが分かります。

解 説

　　スウェーデンでの最新伐倒技術はこの文献を通じて日本国内にもそれほど時間を経ずに伝わりました。しかし、元玉の価値が高く大きな受け口を容認できなかった事情からこれらの技術はすぐには普及しませんでした。その後チェーンソーメーカーによるデモンストレーションを通じて、再度伐倒技術や安全装具が紹介されるようになり、次第に国内でも認知が進んだようです。また、林業の一般書『林業現場人 道具と技 Vol. 2』全林協編（2010）、『「なぜ？」が学べる実践ガイド 納得して上達！伐木造材術』ジェフ・ジェプソン（2012）などで取り上げられたことや、元玉の

価値の低下もあり、オープンフェース受け口を試そうとする方も見られるようになりました。ただし、日本とスウェーデンの伐倒技術では、追い口高さの考え方やツル幅と伐倒方向の関係など多少見解の違うところがあります。また、スウェーデンでは樹種構成が単純で、ドイツトウヒとヨーロッパアカマツを合わせると85％程度になるようです。日本とは木の種類や成長速度も違うので、単純に同じ技術を使ってよいのかは慎重に見極める必要があります。次章で詳しく比較してみたいと思います。

現在の海外の伐倒技術を見る

3種類の受け口

　海外の伐倒技術を見ると3つの受け口に大別できます。逆に言えば現在の伐倒技術はおよそ3つの切り方しかないのです。それらは図1-49のように、Conventional Notch（伝統的）、Open-faced Notch（オープンフェース）、Humbolt Notch（フンボルト）の3種類です。この中で伝統的受け口が国内の指導方法に近いものとなります。かつてこのほかに「コの字型受け口」「ステップ受け口」というものもありましたが、2人用チェーンソーを使用するための技術であったことと、チェーンソー以外の道具が必要であったため、1人用チェーンソーの普及とともに使われなくなりました。

1
章

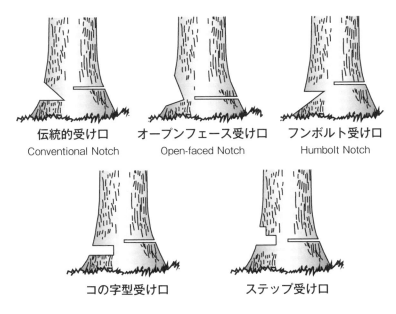

伝統的受け口
Conventional Notch

オープンフェース受け口
Open-faced Notch

フンボルト受け口
Humbolt Notch

コの字型受け口

ステップ受け口

図 1-49　海外の伐倒技術
現在、世界で普及している伐倒技術が上段の3タイプ。下段の2タイプは2人用チェーンソー向きの技術で現在は使われていない

アメリカの伐倒基準

　アメリカの労働安全衛生局（OSHA / U. S. Department of Labor Occupational Safety & Health Administration）の指導を見てみましょう。3つの切り方の各部の寸法と長所・短所が記載されています（**表 1-1**）。

　アメリカ合衆国はメートル法の単位ではないのでインチが使われています。伐倒技術では作業者に分かりやすくするため、その国の単位で概数とすることがよく行われます。

表 1-1　アメリカの労働安全衛生局 (OSHA) の伐倒基準

	オープンフェース	伝統的受け口	フンボルト受け口
受け口角度	90°が望ましいが少なくとも70°	45°	45°
斜め切り	下方へ70°切り下げ	下方へ45°切り下げ	水平
下切り	上方へ20°切り上げ	水平	上方へ45°切り上げ
追い口高さ	受け口会合線と同じ高さに水平	少なくとも下切りより1インチ高く水平に	少なくとも上側の切り込みより1インチ高く水平に
受け口深さ	木の直径の1/4〜1/3	木の直径の1/4〜1/3	木の直径の1/4〜1/3
受け口のふさがる時	木が地面に当たる直前	倒れる途中	倒れる途中
安全度	高	中	中
長所	・高い精度で伐倒方が決まる ・ツルの部分が木が地面に当たるまで残っている ・元口の跳ね上がりと制御不能な動きを減らすことができる	・多くの伐木作業者が慣れている	・木の無駄を少しだけ減らすことができる ・多くの伐木作業者が慣れている
短所	後でツルを切らねばならない	ツルが早くちぎれてしまう	ツルが早くちぎれてしまう

3タイプの伐倒技術について特徴を分かりやすく解説している

伝統的受け口

伝統的受け口を見ると、追い口高さはほかの国で3cm以上とするところを1インチ（約2.5cm）以上となっています。ほかの海外の技術書を見ると追い口高さは最低ラインが3cmあるいは1インチが多く、2インチ〜最高5インチとするものも見られます。

受け口角度は45°となっており、その範囲は示されていません。ほかの海外の技術書も伝統的受け口の角度は45°と決められているものがほとんどです。

ツル幅は表には載っていませんが、木の直径の1/10とOSHAのwebページには記載があります。直径を測る対象が「木」「幹」と見解が違うもの、寸法として1〜2インチ、2インチ、3cmと記載されているものもあり、日本の技術書と同じように統一することが困難であることもうかがえました

受け口深さはOSHAでは日本の指導と同じようになっています。ほかの海外の技術書では1/4〜1/3あるいは1/3とするものが多いようです。

オープンフェース受け口

次にオープンフェース受け口を見てみると、受口深さを除き北欧の伐倒技術とほぼ同じです。木が地面に倒れるまでツルを効かせることができ、伐倒方向の制御がしやすいことや元口の跳ね上がりを防止できることから、この受け口を推奨しています。

ほかのオープンフェース受け口を採用する技術書では、前述（88頁）の文献を踏襲し、受け口深さではなく「ツルの長さを径の80%」

とするのが一般的です。その場合、受け口深さに換算すると受け口と追い口の鋸断場所が正円の場合には1/5となり、日本の基準より浅くなります。しかし、鋸断場所が正円であることは希ですので、形状に関わらず十分な長さのツルを設けるには、このような基準の方が合理的な場合もあります。

　伝統的受け口と大きく異なるのは追い口高さについてです。オープンフェース受け口では追い口高さが会合線と同じ高さとなっており、伝統的受け口やフンボルト受け口より低い追い口を切ることになります。このことについては力学的な解析を加えて本書の2章で検討してみたいと思います。

フンボルト受け口

　フンボルト受け口については、日本国内ではほとんど見ることがありませんが、北米では一般的な受け口として用いられているようです。OSHAの指導を見るとオープンフェース受け口を勧めているようですが、実際には伝統的受け口やフンボルト受け口が一般的であるようです。SNSでもFacebookやInstagramで「#rate_my_hinge」（私のツルを評価して！）を見ると、日本では見ないフンボルト受け口による切り株の写真が多く見られます。

ドイツの伐倒基準

　ほかに、2011年、2015年のドイツの林業技術書[*]による伐倒技術を見てみましょう（図1-50）。

　受け口角度は45〜60°、受け口深さは1/5〜1/3、追い口高

---

[*] Kuratorium für Waldarbeit und Forsttechnik & Arbeitsausschuss der Waldarbeitsschulen der Bundesrepublik Deutschland (Hrsg.). (2011,2015) Der Forstwirt

さとツル幅は鋸断径の 1/10 となっており、日本の技術とは少しずつ違います。受け口角度はやや広めで、追い口高さは木の直径によって変化しますが、日本と比較するとやや低くなるようです。「図解による伐木造材作業法」(81 頁) に記載のある 1965 年の数値と比較すると、追い口高さとツル幅はほぼ同じですが、受け口角度が 45 〜 60°と大きくなっています。安全性重視に変わってきたことが考えられます。また、同書内には北欧のオープンフェース受け口の技術も長所・短所を含めて記載がありますが、標準的な伐倒技術ではないようです。

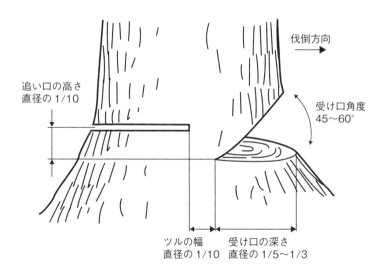

図 1-50 ドイツの林業技術書「Der Forstwirt」(2011 年、2015 年) に掲載された受け口・追い口・ツルの基準

日本の基準とは各数値が若干異なる。日本の基準では 30 〜 45°の受け口角度が 45 〜 60°と広めなのは、安全性を重視していると考えられる

まとめ　海外の伐倒技術

　アメリカ、ドイツ、スウェーデンと、海外の伐倒技術を見てきました。現在の伐倒技術としては、メートル法かヤードポンド法の単位系の違いによる概数のまとめ方に違いがあるものの、アメリカのOSHAが取りまとめた**表1-1**にあるような数値が一般的となっています。受け口角度は45°かそれ以上で、日本のように30°以上といった角度の小さい受け口を採用する技術書はありませんでした。受け口は角度と深さが重要である認識に相違はないようですが、ドイツの教科書では受け口による材の損失と安全性について、重要視する程度によって角度が変化してきています。なお、国内外の文献を見ても受け口角度が大きいため生じた伐倒時の不具合についての報告はありませんでした。

木が倒れるとは
どういうことか

─受け口・追い口・ツルが
果たす役割

ツルに加わる力と役割

押しつぶす力と引き延ばす力

　棒の両端に力を加えると棒は曲がります。さらに力を加えると棒は折れることでしょう。このとき棒には押しつぶされる（圧縮）側と引き延ばされる（引張）側、さらに押しつぶされも引っ張られもしない部分（中立軸や中立面）が現れます（**図2-1**左）。このことはこの後の説明でも出てきますので覚えておいてください。

　次に棒に弱点を設けます。分かりやすく受け口のような切り欠きを作ったとします。そして両端に力を加えると棒は曲がりつつ折れていきます。切り欠きによって力を支える面積が減ったことで、その部分が弱点となり弱点に力が集中する応力集中が起きるため、弱点のない場合より弱い力で棒は折れることとなります（**図2-1**右）。「応力集中」も覚えておいていただきたい現象です。力のかかり方や破壊のしくみの中で、強い部分が弱い部分を助け補い合うことはありません。むしろ弱い部分に力が集中し破壊を進める原因となり

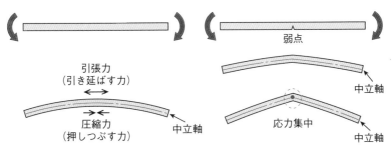

引張力
(引き延ばす力)

圧縮力
(押しつぶす力)

中立軸

弱点

中立軸

応力集中

中立軸

中立軸：圧縮も引張もかからない場所。
立体では中立面

図 2-1　曲げた棒に加わる力

棒を曲げると、外側には引張力が、内側には圧縮力がかかる。また、伐倒を科学的
に理解する上では、力が弱点に集中する「応力集中」という現象も覚えておきたい

ます。

ツルに加わる力を読み解く

立っている木の根元に、受け口と追い口を作るとどうなるでしょ
うか？

受け口を作って追い口終端との間に、切り残しであるツルを作っ
た場合、幹全体の断面積よりもはるかに小さい面積が残ることとな
ります。この部分（ツル）が弱点となり、木の地上部はツルを折る
ように倒れることになります。

典型的な受け口と追い口の場合、もっとも弱いところは受け口の
斜め切りと下切りが合う受け口会合線の後ろ側になります。木が倒
れる時は、追い口終端から縦に裂け目が入り、ツルが形成され、ツ
ルの中立面で折れ曲がっていくのです。この時に、ツルの受け口側
には圧縮する力が加わり、追い口終端側には引っ張られる力が加わ

ります。

　木は圧縮に耐える力と引張に耐える力が違います。通常引張に耐える力の方が圧縮より強いので、それらの力のバランスのとれたところが中立面となりますが、この中立面はツルの破壊に伴い移動していくものと考えられます。また、ツルの折れ曲がりはツルの内部で起こりますので厳密に言えば受け口会合線で折れ曲がるわけではありません。

　木が倒れていくためには、木が傾くこと等によって重心位置がツルの中立軸よりも伐倒方向側に動き、ツルの受け口会合線に圧縮破壊が生じるほどの力がかかる条件となると、継続して倒れていくことになります。ツルの追い口終端側には引張力が作用しながら曲げられ、一部ちぎれ始めることがあるものの、受け口がふさがるまで全てが切れることはありません。ツルの中の中立軸を回転軸として木は倒れていきます。101 頁でも説明しますが、受け口がふさがった瞬間にてこの原理でツル全体に強大な引張力が加わり、ツルが完全にちぎれてしまいます。

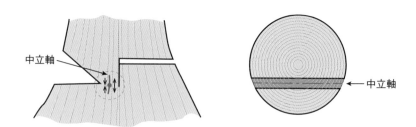

図 2-2　ツルは中立軸（面）で折れ曲がる
ツルには厚みがあるため、受け口側は圧縮され、追い口側は引っ張られる。木は中立軸を回転軸として倒れていくので、伐倒方向は中立軸の方向に左右される

受け口角度の意味

受け口がふさがるまでツルは切れない

　受け口角度の大小はツルの可動域を決める数値です。ツルは蝶番<ruby>ちょう</ruby>の役目を果たし伐倒方向を制御するという考え方は世界的に共通しています。この蝶番の動く範囲を決めるのが受け口角度であり、受け口がふさがるとツルが切れるように力が働きます。

　ツルが切れるしくみは**図 2-3** の釘抜きと同じで難しいことはありません。受け口がふさがるとツルは引き抜かれるような力がかかり切れるのです。受け口角度が大きいと木が大きく傾くまでツルが切れないこととなり、角度が小さいと木があまり傾かないうちにツルが切れることになります。このように受け口の角度はツルを切る立木の傾きを決めるのです。

　ツルを長く効かせて（保持して）伐倒を制御したい場合は、受け口角度は基本的に大きい方が良いことになります（注：木が倒れる先の状況によっては受け口角度を小さくし、ツルを早めに切った方

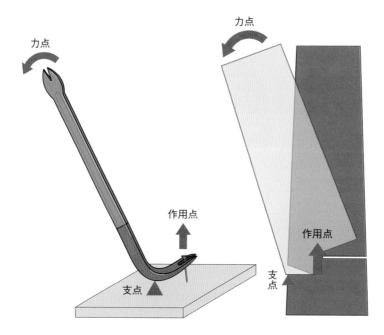

図 2-3　受け口がふさがるとツルが切れるしくみ
釘抜きと同じ原理で、ふさがった受け口が支点となりツルが切れる (引き抜かれる)

が良い場合もあります)。

　OSHA の指導ではより受け口角度の大きいオープンフェース受け口を推奨しています。ドイツの教科書も受け口角度 45 〜 60 °となっています。また、オープンフェース受け口についても、「長く木が保持される」とその利点とともに紹介されています。他国と比較して国内の基準では受け口角度は小さくなっています。その決定の経緯は本書の 1 章で説明しましたが、受け口角度 30 〜 45°の 45°は上限値ではなく、針葉樹では最低 30°、広葉樹では最低 45°とい

うように下限の範囲と考えた方が無難です。日本ではなるべく受け口角度を小さく抑えたいという要望が多く、それに応えるために「少なくともこの程度の角度は樹種に応じて開けて欲しい」という基準なのです。

受け口角度と作業の安全性

一方、大径木になると受け口片も大きくなりますので、受け口角度を大きくすると受け口切りの作業が大変になってきます。また、大径木では30°も木が傾いたら、それ以降の伐倒方向は変わらないという現場の意見もあります。しかし、状況が許すのであれば受け口角度は大きい方がツルが長く効き伐倒作業の安全性が高いというのが正しい考え方です。**写真 2-1** は吉野地方でスギを上方伐倒する

写真 2-1　上方伐倒時の角度の大きい受け口（奈良県吉野地方）
倒伏しても受け口がふさがらないためツルが切れず、伐倒木が根株から動かない（安全性が高い）

際の受け口です。木が地面に接しても受け口がふさがらないよう角度を大きくしています。状況に応じて受け口角度を変えることは各地で行われていますし、受け口角度が45°を超えたことのみが原因で作業の危険性が増すことはありません。156頁で受け口会合線が水平であることが必要な理由を説明しますが、オープンフェース受け口のように受け口角度を大きくするために、下切りが斜めに傾く（前下がりになる）のは問題ありません。

　樹種や生育状況に関係なく、受け口がふさがるとツルが切れるように力がかかる。倒れていく木のツル周辺で起こる重要な現象の1つです。

受け口の深さ―ツルとの関係

受け口の深さでツルの長さが決まる

　受け口の深さについて、現在の国内の基準では根張りを除いた伐根直径の1/4以上、大径木は1/3以上となっています。古い文献や海外の指導では1/5〜1/3と浅めの1/5が許容されることが多いのが現状です。

　また、受け口の深さそのものよりも、受け口を作った結果として決まる「ツルの長さ」に注目してみましょう。海外では、ツルの長さを径の80%以上とする（受け口の深さは伐根の形状により異なる）ことで、伐根の形状による影響を少なくしている記述も一般的になってきました。「受け口は木の幅だけ切るのが一番安全」という見解もあり、径に対して浅い受け口は短いツルとなることから、ツルの機能を十分に発揮できなかったのでしょう。さらに受け口が浅いと樹幹が裂けやすくなることがいくつかの文献で指摘されています。しかし、裂けやすさは樹種やその材質による差が大きいため、

受け口が浅いことが主な原因で裂けるのかどうか明らかにできていません。

　図2-4は木が正円であるとして、受け口会合線の位置を木の直径の1/5、1/4、1/3に、もう1つは木の幅と同じ長さなるように、ツルを残したときの年輪の様子です。ツル幅はいずれも木の直径の1/10です。ツルの年輪の接線方向の傾きは木の幅にツルを作ったときは伐倒方向とほぼ一致していますが、受け口が浅くなるにしたがって伐倒方向となす角度が大きくなります。実際の木ではツルの平面だけでなく、立体的な年輪の流れを考慮する必要がありますが、これらのように受け口深さに応じてツル部分の年輪の角度に違いが生じます。ツルが曲げられる際に年輪の角度によってどのような影響があるか十分に解明されていませんが、木材は力のかかる方向で強度の異なる「異方性」を持っていますので影響がないとは言えないのです。

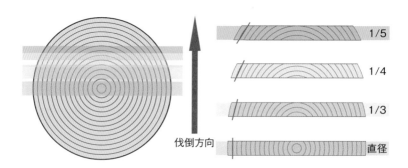

図2-4　受け口の深さの違いによるツル部の年輪の接線方向の変化
受け口を深くするとツルの長さが増える。また、受け口の深さの違いによってツル部分の年輪の接線方向の角度が変わる

受け口の深さとツルの効果

　また、**写真 2-2** のように年輪による木目の流れ方を見ると根元付近は成長につれて次第に斜めになります。赤いラインで受け口と追い口を切ると追い口終端から木目に沿って斜めに裂けるのでツルが想定よりも薄くなる可能性があります。その対策として緑のラインのように伐採点を高くする方法もありますが、青いラインのように受け口を深くすると十分な幅のツルが確保できるようになります。受け口を深めに作ることはツルの機能を確保する上でも必要なことだと言えます。

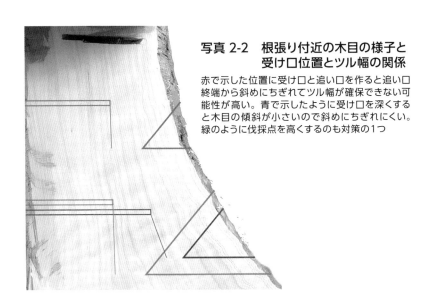

写真 2-2　根張り付近の木目の様子と受け口位置とツル幅の関係

赤で示した位置に受け口と追い口を作ると追い口終端から斜めにちぎれてツル幅が確保できない可能性が高い。青で示したように受け口を深くすると木目の傾斜が小さいので斜めにちぎれにくい。緑のように伐採点を高くするのも対策の1つ

追い口の高さ─裂けとの関係

見解①　追い口が低いと上に裂けが入る

　追い口高さについては、国内の基準が受け口上端のやや下側、海外で伝統的受け口を用いる場合は受け口会合線から1〜2インチ以上高く、また、ドイツでは受け口会合線より少なくとも3cm以上で伐根径の1/10高くすることになっています。どれも数値は異なりますが、受け口会合線よりも高い位置に追い口をいれることが基準となっています。この理由を考えてみましょう。

　「図解による伐木造材作業法」(81頁)によると、受け口会合線と追い口の位置関係によって裂ける方向が違うと記載されています(図2-5)。①のように会合線より低い位置で追い口を切ると上方向へ裂けが入る。③のように会合線と同じ高さに追い口を切ると上下に裂ける。②のように会合線より追い口を高くすることで下に裂けるので幹側に裂けが入ることなく倒すことができるということです。商品となる幹側に裂けを生じさせないためには追い口を受け口

会合線より高くする必要があるという見解です。また、国内の指導でも低い追い口は、大きな裂け上がり（海外ではバーバーチェア／Berber chair と呼ぶ）や「ヤリ」（図2-6）の原因となるという考え方が一般的です。

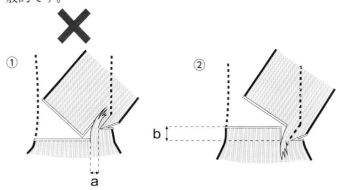

①では引き残し**(a)**の裂片が幹から裂ける　②では引き違い**(b)**が根株から裂ける

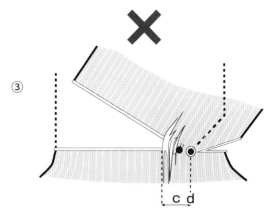

③では引き残しが幹と根株から裂け、回転の中心が**(c)**の中央から**(d)**へ移動する。引き残しによって辺材に力が偏り、引き裂かれた小片ができる

図2-5　追い口高さの違いによる裂け方向の変化

追い口が受け口会合線より低い、あるいは同じ高さだと、幹上方に裂けが入る可能性がある

図 2-6　ヤリ
ツル部分で幹側の木部が引き抜かれる
「ヤリ」。追い口が低いと発生しやすい

写真 2-3　裂け上がり
伐倒手に危険を及ぼし、材の商品価値も損
なう

見解②　追い口が低い方が正しいツル幅を確保できる

　一方、オープンフェース受け口については、受け口会合線と同じ高さに追い口を作るという指導が一般的です。伝統的受け口とオープンフェース受け口で違うのはツルを切る立木の傾きを決める受け口角度だけでよいはずですが、追い口高さも違う理由は何なのでしょうか。追い口を低くする利点はあるのでしょうか？

　このことについて、ハスクバーナ社のデモンストレーターのOlav Antonsen氏によると年輪による影響を少なくしツル幅を正しく確保できるため、安全性を向上させることができるとのことでした。確かに図のように年輪に沿って斜めに裂けが生じる場合、ツルの幅を確実に確保するためには追い口を低くすればよいことが分かります。また、受け口会合線と同じ高さであると切り始めの位置が分かりやすいことも利点の1つとのことでした。

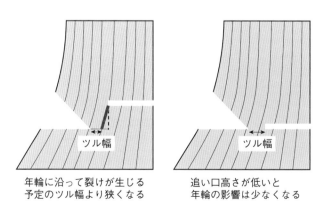

ツル幅	ツル幅
年輪に沿って裂けが生じる 予定のツル幅より狭くなる	追い口高さが低いと 年輪の影響は少なくなる

図 2-7　斜めになった年輪とツル幅との関係
ツル幅は、ツル部分の年輪の傾きに影響を受ける場合がある

写真 2-4　ツルが機能しなかった例（根曲がり木）
追い口を赤色のラインまで入れたが年輪に沿って斜めに裂け、ツルが効かなかった。水色のラインで止めておくか、追い口を緑色のラインまで低くするとツルが効いたと考えられる

　また、特に根曲がりの木のように年輪が曲がりながら斜めになっているような場合は、見えない年輪を推定するより追い口高さを低くする方が確実かもしれません（**写真 2-4**）。以上のように、追い口高さについて２つの見解が存在しますが、これらのことについて検証してみることにします。

検証　伐倒試験で裂けの兆候を見る

　２章の始めに、力のかかり方や破壊のしくみの中で、強い部分が弱い部分を助け補い合うことがないと説明しました。また、弱点に力が集中する「応力集中」についても触れました。物が破壊する時は最弱点が「破壊起点」となって壊れることになります。木が倒れ

る際は受け口会合線付近がもっとも弱くなるのが通常ですが、追い口高さの違いによる裂けやすさを見る場合には追い口終端の破壊起点となる小さなクラック（亀裂）に注目します（**図 2-8**）。クラックが上下いずれの方向に発生するかを見ていきたいと思います。

　スギ 61 本、ヒノキ 12 本、カラマツ 14 本（胸高直径平均 26.0cm、最小値 14.5cm、最大値 36.3cm）について、受け口角度や深さと追い口高さを無作為に組み合わせて伐倒した結果、クラックの方向は樹種や受け口角度と深さに関係なく次のようになりました（**表 2-1**）。なお、2.5cm で区切っているのは追い口高さ 1 インチ以上とする OSHA の基準に基づいています。

　おおむね「図解による伐木造材作業法」（81 頁）に記載されているとおり、受け口会合線より下側に追い口を切ると上側に、会合線の高さから 2.5cm までだと上下が定まらない、2.5cm 以上だと下側にク

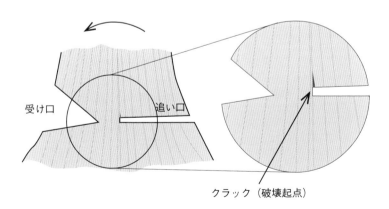

受け口　　　追い口

クラック（破壊起点）

図 2-8　追い口終端のクラック（破壊起点）
クラックは裂けの兆候。下（根株方向）に入る場合と上（幹方向）に入る場合の違いを伐倒試験で確かめた

ラックが入ることが分かりました（**表2-1**）。また、クラックは倒伏が始まり幹が傾くのが分かった頃の早い段階で生じていることも観察から分かりました（**写真2-5**）。

表2-1　伐倒試験の結果（追い口の高さとクラックの方向の関係）

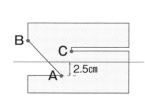

追い口の高さ	クラックの方向			
	下方	上方	両方	計
C＞B	13			13
B≧C≧2.5cm	32			32
2.5cm＞C≧A	14	3	1	18
C＜A		22	2	24
計	59	25	3	87

A：受け口会合線、B：受け口上端、C：追い口終端下側

赤字に注目。追い口が受け口会合線より下側（C＜A）、または受け口会合線の高さから2.5cmまで（2.5cm＞C≧A）の試験木で、上方にクラックが入った

受け口角度：78.2°
受け口深さ：1/3
追い口高さ：-2.0cm
154

写真2-5　幹が傾いた直後に入るクラック

追い口高さが受け口会合線よりも低いと、幹上方向へクラック（裂けの兆候）が傾き始めた直後に入ることが分かった

検証　モデル解析で内部の力を見る

　前述試験では、追い口の高さが2.5cm以下ではクラックの入る方向が上下定まらない結果となりました。これは木が持っている材質のバラつきや、実際に伐倒を行ったときの追い口鋸断の角度（水平かどうか）、受け口会合線と追い口終端との位置関係（平行かどうか）

2章

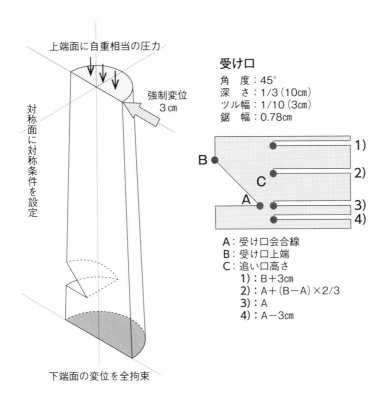

図 2-9　解析モデル

立木を伐倒するモデルをコンピュータ上で作り、追い口の高さを変えたときにツル付近にどのような力が加わるかを解析した

等による影響を受けたためと考えられます。このようなバラつきを
なくして検証するために、物理的なモデル (**図 2-9**) を作って解析し
てみたいと思います。

　難しいことは抜きにすると鋸断直径が 30cm、高さ 1 m のモデル
に、受け口角度 45°、受け口深さは鋸断直径の 1 / 3、ツル幅は鋸
断直径の 1 /10 残るように、鋸幅 0.78cm (ソーチェーン：オレゴン
社 21BP の実測値) で追い口を切ります。

　追い口高さを色々変えて、 1 m の位置で 3 cm 傾くまでの間に、木
の内部にどのような力が加わるかを解析していきます。ただし、木
は力をかける方向によって強さの違う材料ですが、モデルでは均質
な材料としています。

解析図の見方

　伐倒時に加わる力をコンピュータ上でモデル解析した結果を解析
図で見ていきます。そこでまず、 解析図の見方を説明します (**図
2-10**)。引っ張りの力のかかっている部分がオレンジから灰色まで、
押しつぶす力がかかっているのが紫と青、濃い灰色になります。こ
の図では追い口終端下側に引っ張る力の最大値がかかり下方向へク
ラックが入る可能性が高い結果となりました。受け口を見ると会合
線付近には押しつぶす力が働いていますが、そのほかの部分は倒れ
始めのころは力がかかっておらず、受け口角度の影響が少ないこと
が分かります。

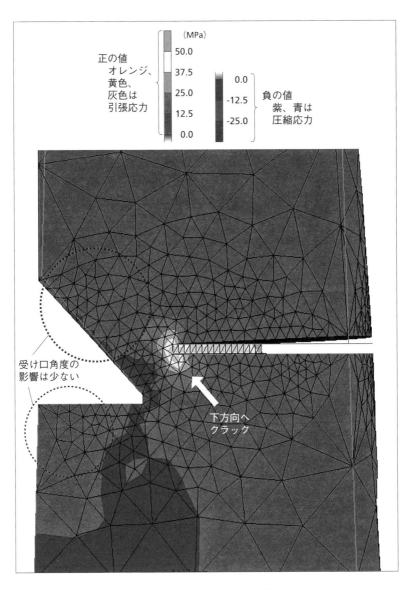

図 2-10　解析図の見方
紫、青色は圧縮応力が、オレンジ、黄色、灰色は引張応力が加わっていることを表す

追い口が高い場合

図 2-11 のように受け口上端より高く追い口を切ると、ほかと比較してオレンジ色と黄色で示された力のかかる範囲が広くなります。追い口終端にかかる力の最大値を見ると下方向へクラックが生じる結果となっていますが、上方向の力も大きいため場合によっては上にクラックが生じる可能性もあると考えられます。

図 2-11　追い口が高い場合の解析結果
下方向へクラックが生じる結果となっているが、上方向への力も大きいため、場合によっては上にクラックが生じる可能性もあると考えられる

追い口の高さが適正な場合

　次に図2-12のように、受け口高さの2/3に追い口を切ると下方向にクラックが生じる結果となり、受け口上端より高い場合と違って上方向の力も小さくなっています。

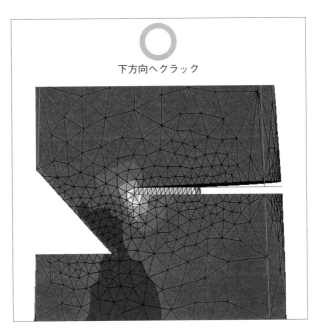

図 2-12　追い口の高さが適正な場合の解析結果
下方向にクラックが生じる結果となった。上方向への力は小さい

追い口の高さが会合線と同じ場合

　受け口会合線と同じ高さに追い口を切ると、力の範囲が小さく集中的にかかっていることが分かります（**図2-13**）。クラックの方向もこの場合は下方向でした。ただし、受け口会合線を実際に近づけたモデルでは、クラックが上方向へ入ることが想定されました（次項で解説）。

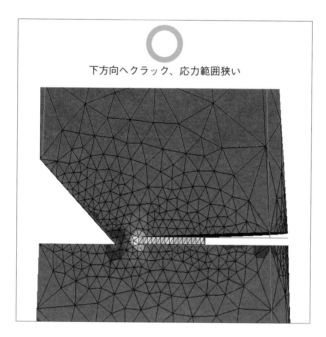

図2-13　追い口の高さが受け口会合線と同じ場合の解析結果

力が小さい範囲に集中している。図からは読みとりづらいが、このモデルでは下方向にクラックが生じる結果となった

追い口の高さが低い場合

最後に会合線より下側に追い口を切るとクラックの方向は上方向となり、裂け上がりやすくなることが分かります（**図 2-14**）。

検証のまとめ

これらの結果から、追い口は会合線より高く受け口上端より低ければ良く、受け口上端より高くすることと受け口会合線より低くするのは望ましくないということになりました。

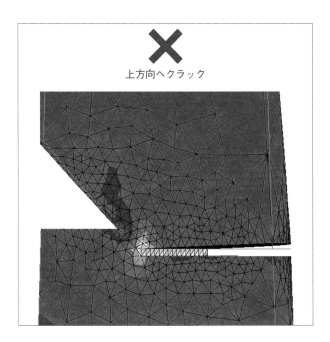

図 2-14　追い口が受け口会合線より低い場合の解析結果
クラックが上方向に生じる結果となり、裂け上がりやすくなることが分かる

追い口の高さが会合線と同じ場合の注意

　前述のモデルは受け口会合線が１本の線となり、斧や鋸で受け口を鋸断した場合に近いものでした。チェーンソーで鋸断した場合、受け口会合線は一定の鋸幅があるので失敗しなければ**図2-15**のA・B・Cいずれかの形状になります。この形状をモデルに組み込んで解析すると、受け口会合線と同じ高さに追い口を切った場合のみ結果が変わりました（**図2-16**）。

　前述の**図2-13**のように、受け口会合線と同じ高さに追い口を鋸断した場合、下方向にクラックが入るという結果でしたが、会合線の形状を実際に近づけたA・B・Cいずれの場合も、上方向へクラックが入る結果に変わります。これらのように、追い口を受け口会

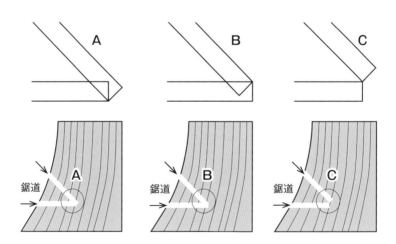

図 2-15　受け口会合線の3つの形状
実際の伐倒では鋸幅があるため、図のようにA・B・Cいずれかの形状となる

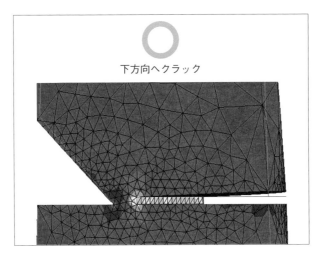

下方向へクラック

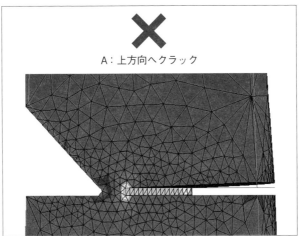

A：上方向へクラック

図 2-16（1）　会合線の形状を実際の鋸断に合わせた
場合の解析結果
（追い口の高さが会合線と同じ場合）

図からは読みとりづらいが、会合線の形状を実際の鋸断に合わせると、
A・B・Cいずれの場合も上方向へクラックが生じる結果となった

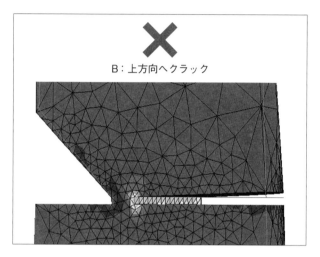

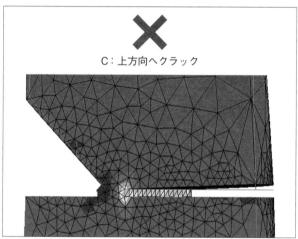

図 2-16（2）　会合線の形状を実際の鋸断に合わせた　　　　　場合の解析結果　　　　（追い口の高さが会合線と同じ場合）

図からは読みとりづらいが、会合線の形状を実際の鋸断に合わせると、
A・B・Cいずれの場合も上方向へクラックが生じる結果となった

合線付近に切る場合は少しの違いでも力のかかり方に影響が現れる場合があります。

　同様に追い口高さを10㎜上げただけで、クラックの方向も下方向へ変化します（**図2-17**）。A・B・C間の違いはあまりないのですが、追い口が低いとツル付近に力が集中してかかるため、ツルに欠点があるなど材質のバラつきによっては結果が変わることが想定されます。つまり、均質な材料のモデルを用いた解析では少し追い

2章

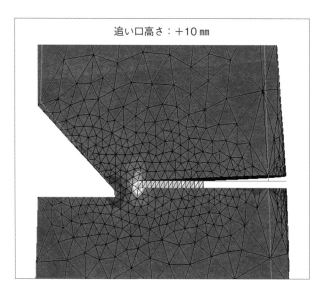

図2-17　追い口高さを会合線から10㎜上げた場合の解析結果

均質なモデルでは追い口を会合線の高さから10㎜上げただけでクラックの方向は下方向へ変化した

口を高くするだけで問題ないのですが、縦方向の裂けやすさが場所によって異なる実際の立木では、伐倒試験の結果のようにクラックを生じる力が上方向に向かう場合もあり細心の注意が必要です。

　一方で、受け口会合線の形状がA・B・Cいずれの場合でも、追い口高さがある程度高いと力のかかり方にはあまり差がない結果となりました。会合線形状がAあるいはBでなくてはならないと考えておられる方も多いようですが、Cでも追い口終端にかかる力には影響のない結果が得られました。

まとめ—追い口高さと裂けの関係

　追い口高さについて、実際の伐倒試験とモデルによる解析の結果からは、受け口会合線より2.5cm以上高く、受け口上端より低くすることが望ましいことが分かりました。望ましくないこととしては、受け口上端より高く追い口を作ること、追い口終端を受け口会合線より下に作ることです。特に受け口会合線より下側に追い口を作ると確実に上方向にクラックが入ります。また、受け口会合線と同じ高さから2.5cm未満の高さに追い口を切ると、木の材質のバラつきなどの条件によっては上側にクラックが入ります。このような上方向にクラックが入る可能性がある場合には、それを大きな裂け上がりにつなげないことが必要です。

　林野庁の「伐木造材作業基準・解説 No.68」（46頁）では追い口高さは「受け口上辺（受け口上端）に近く」とあり、その根拠は元口の切り直しを少なくする意図で作業能率を優先して決められたことがわかっています（図1-31）。これら解説の写真やイラストを見ると、

受け口上端と追い口終端の下側が一致する位置となり、現在の追い口と比較して高めとなります。

　今回の解析からは、追い口高さを受け口上端より高くした場合には、力のかかる範囲が大きく、上向きの力も大きくなることも分かりました。最大値は下向きとなりましたが、材質のバラつきによっては上方向に裂ける可能性が残ります。チェーンソーが普及したこと、ハーベスタやプロセッサによる造材が多くなってきたことなどから、元口の切り直し作業についての能率や省力化を考慮する必要が少なくなってきました。現在の受け口上端よりやや下側という意味の、受け口高さ 2 / 3 の位置に追い口を作ることは、解析的にみても正しい見解だと言えます。

　1907 年の「実用森林利用学」(21 頁) にはスギの場合に大径木になると追い口高さを上げるという記述が見られました。その後国内では受け口上端や受け口高さを基準として追い口高さを決めてきましたので、木が太くなると受け口高さも高くなり自然と追い口高さが高くなりそうです。しかし、木の大きさに合わせて追い口高さを高くするのが目的という記述は確認できませんでした。また、実際の現場では大径木ほど小さい受け口角度が好まれたため、木の太さに比例して追い口高さが高くなるとは限りませんでした。ドイツの林業技術書「Der Forstwirt」(94 頁) では最低でも 3 ㎝、鋸断径の 1 /10 追い口を高くすると記載があり、この場合木が太くなるほど結果的に追い口は高くなります。受け口角度は 45 〜 60°と日本より大きいですが、受け口高さに関係なく追い口高さが決まります。国内の基準のように受け口高さを追い口高さの目安とする場合、受け

口が浅く角度が小さい場合は追い口高さが低くなります。受け口深さを深くすることは追い口高さを確保する上でも重要であることが分かります。また、追い口高さを受け口高さの2/3とする現在の基準は、角度が小さめの受け口で追い口高さを確保する意味も結果的にあると言えそうです。

　今回の伐倒試験は平均胸高直径が26.0cmと小径木にあたります。大径木の伐倒において、この章で得られた結果（追い口高さ2.5cm（1インチ）以上）が低すぎるかどうかについては、今後解明していく必要があると考えます。ほかに、広葉樹では追い口高さを高めにするのが良いという意見を多く伺いました。今回の解析は真っすぐな木を対象としていますので、**図1-28**のように傾いた木を重心方向などに倒す場合で、追い口を受け口上端より高くすることを否定するものではありません。このように追い口を受け口上端より高くすると、通常の鋸断手段で追い口を1/10のツル幅まで切り込む際の裂けを防ぐ効果があるそうです。ただし、前に重心のある木は追いヅル切りの方が裂け防止効果は確実で推奨されているとも伺いました。さらに追い口高さを高くすると木がゆっくり倒れるというご意見も伺ったことがあります。今回の試験や解析ではこれらの点も明らかにすることができませんでした。

ツルの幅―裂けとの関係

2章

さらに、低い追い口高さでツル幅を大きく残すとどうなるでしょうか？

その場合、厚い板を曲げるのと同じで引っ張る力も押しつぶす力も大きくなり（**図 2-18**）、上向きのクラックがツル幅の薄いものより生じやすくなってしまいます。

また、受け口側に木の重心がある場合、追い口を鋸断していくと残そうとしていたツル幅まで切り進む前に倒れ始めてしまうことがあります。本来必要なツル幅より厚い状態で力がかかり上向きのクラックがツル幅の薄い場合より生じやすくなることが考えられます。

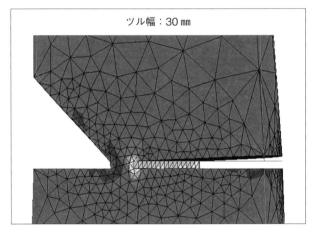

ツル幅：30 mm

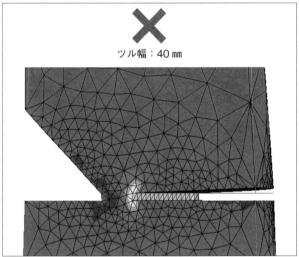

ツル幅：40 mm

図 2-18　ツル幅を変えたときの応力変化の解析結果

ツル幅がまだ厚い段階（図下：ツル幅40mm）で倒れる方向に力が加わると、会合線付近、追い口終端により大きな力が加わり、上向きのクラックが生じやすくなることが分かった

裂け上がりを
防ぐための考え方

幹を曲げるような力に注意

　実際の伐倒試験では、受け口会合線からの高さが2.5cmより低く追い口を切るとクラックの方向が定まらない結果となりました。また、解析結果からは低い追い口では上方向へクラックが入る可能性が高くなることが分かりました。ただし、クラックが拡大して危険な裂け上がりにつながるかどうかは、そのほかの力のかかり方に影響を受けて決まります。クラックが生じることがすぐに危険性を生むわけではありません。

　上向きのクラックが大きな裂け上がりにつながるのはどのような条件が考えられるのでしょうか？　それは倒伏の途中に幹に曲げ応力（曲げるような力）が働いたときです。木は基本的に縦に裂けやすいのでクラックに引き剥がすような力をかけると裂け上がりにつながります。伐倒作業で倒れていく途中に曲げ応力が幹にかかる条件は、受け口がふさがるとき、木の重心位置より低い障害物に勢い

をつけて当たるときなどです。角度の小さな受け口と、会合線と同じ高さの追い口の組み合わせは避けなければなりません。

　余談ですが、けん引具で木の上部を引っ張ったり、グラップルなどの林業機械で木の上部を押しつけたりして、幹を曲げるように大きな力を加えると追い口の高さに関係なく裂けることがあります。また、風倒木やかかり木のように木の自重で曲げ応力が働いている場合もあります。これらの条件下での鋸断や伐倒は大変な危険を伴います。伐倒するときは必要以上に幹に曲げ応力をかけないようにすること、曲げ応力がかかっている木は裂け止めをすることや徐々に応力を解放するような鋸断の手順を採ることが重要です。

オープンフェース受け口の利点と注意点

　オープンフェース受け口の技術で伐倒する場合、受け口角度が大きいので受け口がふさがることが原因で幹に曲げ応力がかかることは少なくなります。また、年輪の複雑な木を伐倒する際にも必要なツル幅を見極めやすい利点があります。さらに追い口が低いのでくさびで起こしやすくなるとも考えられます。なによりツルが長く効くので伐倒方向の制御が確実で安全性が高いと考えられます。しかし、低い追い口を採用しているため上向きのクラックが生じる可能性が高くなります。

　2000年の文献*にはオープンフェース受け口と突っ込み切りによる伐倒技術が紹介されています。日本の追いヅル切りとほぼ同じ追い口鋸断の手順を採り、ツル幅をあらかじめ適切に仕上げてから追いヅルを切り離します。通常通りに追い口を切り込む手順と比べて

＊ ARD,T. and ERIKSSIN,S. (2000)　Fell a tree with the open-notch-amd-bore method. Grounds maintenance 35(7) : 33-34

ツル幅が厚い状態で倒れ始めることがなく、クラックが大きくなる可能性が低くなると考えられます。明確な記述はありませんが、このような技術が発表される背景には、オープンフェース受け口による技術が世界各地で使われるようになった際に、樹種によっては低い追い口による裂け上がり対策が必要となったと考えられます。オープンフェース受け口で伐倒する際は追いヅル切りと同じ手順で追い口鋸断をするのが望ましいと考えられます。

　ただし、受け口会合線と同じ高さに突っ込み切りをする場合にはガイドバーが下がっていかないよう水平に突っ込む必要があります。バーが下がっていくと会合線より下に追い口を切ることとなります。

- 受け口会合線を水平にすること
- 突っ込み切りを会合線と平行に水平に行うこと

　この２つの技能が必要となります。正確なチェーンソーコントロールができない初心者には向かない技術だと個人的には考えています。

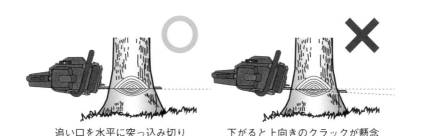

追い口を水平に突っ込み切り　　　　下がると上向きのクラックが懸念

図 2-19　オープンフェース受け口の注意点
追い口の高さが会合線より低くなると、上向きのクラックが懸念される

　また、(本書巻頭の口絵11の事例で示しているように) 低い追い
口高さで伐倒するとヤリが発生することが多いように感じます。こ
の件について理由は解明できてはいないのですが、経験的にこれま
で過去の技術書で指摘されてきたことは間違いではないと思います。

鋸断を失敗すると
どうなるか

受け口の会合線が
一直線にならない

受け口切りの不一致についての見解

　「受け口の斜め切りと下切りの切り終わりを正確に合わせること」すなわち「受け口会合線を正しく作ること」が多くの技術書の中で指摘されています。しかし、この受け口会合線を正しく作ることはチェーンソーを扱う技能が十分に備わっていない初心者には難しいことです。特に伐倒にチェーンソーが使われるようになってから、

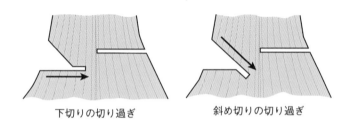

下切りの切り過ぎ　　　　　　　　斜め切りの切り過ぎ

図 3-1　受け口切りの不一致
受け口の下切りまたは斜め切りを切り過ぎた状態

鋸断の速度が上がったために斜め切りか下切りを切り過ぎることが多くなったと言えます。受け口会合線が合わずに片方を切り過ぎてしまった場合、どのような現象が生じるか、技術書によっていくつかの見解に分かれます。

- ・倒伏初期にツルが壊れる
- ・伐倒方向が制御できなくなる
- ・裂け上がりが生じる
- ・倒伏途中で止まってしまう（ストール／ Stall という現象）
- ・ツルの機能が低下し早く倒れる、または引き抜けが生じる
- ・ツルの強度が低下

これらの見解について確かめるため、伐倒試験とモデルによる解析を行いました。

検証　伐倒試験でツルの様子を観察する

伐倒試験では15本の木について、受け口の斜め切りまたは下切りのどちらかを切り過ぎの状態にして、伐倒時にツルがどうなるかを観察しました（**表3-1**）。

各測定値との関係性は明らかではありませんが、受け口切りの不一致を起こして伐倒すると、切り過ぎ部分がふさがった時点（**図3-2**）、つまり木があまり傾かないうちにツルが切れて倒れることが分かりました。また、ツルが急激に引き抜くように破壊したのが、下切りの切り過ぎで3例、斜め切りの切り過ぎでは全数の5件でした。さらに、倒伏が途中で止まってしまう「ストール」が生じたの

表 3-1　受け口切りの不一致を起こした伐倒木の状態

番号	胸高直径 (cm)	受け口深 / 根株直径 (%)	受け口角度 (°)	切り過ぎ長 (cm)	追い口高さ (cm)	ツル幅 最大 (cm)	ツル幅 最小 (cm)	備考
1	31.5	26	57	下切り 2.5	12.0	5.0	0.0	
2	30.5	16	62	下切り 2.5	16.0	5.5	0.0	
3	28.2	23	59	下切り 4.0	17.0	2.5	2.0	
4	34.0	21	63	下切り 3.0	9.5	6.5	5.0	急破断
5	35.6	19	53	下切り 4.0	0.0	5.0	4.5	
6	36.5	24	55	下切り 5.0	2.5	5.5	4.5	
7	29.2	19	33	下切り 3.5	0.0	6.5	2.0	
8	24.0	24	47	下切り 3.0	-1.5	4.0	3.0	急破断
9	26.2	19	40	下切り 5.0	5.5	4.0	4.0	stall
10	40.9	28	42	下切り 6.0	10.0	9.0	-2.0	急破断
11	30.0	27	52	斜め切り 2.5	8.0	3.5	3.0	急破断
12	31.0	24	45	斜め切り 6.5	7.5	6.0	5.0	急破断
13	31.1	23	43	斜め切り 4.5	2.0	6.0	4.0	急破断
14	29.6	27	42	斜め切り 5.5	-2.5	5.0	3.0	急破断
15	28.5	20	32	斜め切り 4.0	-2.5	9.5	3.0	急破断

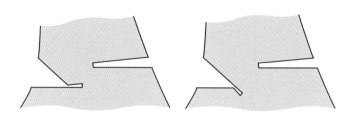

図 3-2　受け口切りの切り過ぎ部分がふさがった状態
切り過ぎた鋸幅分がふさがった時点でツルが切れる力が働く（受け口が機能しない）

は1例でした。なお、裂け上がりについては15本の試験木では発生しませんでした。

検証　モデル解析で内部の力を見る

　この解析では、115頁で解析したモデルよりも大きな変形を伴います。この場合には、実際の木が持っている縦方向への裂けやすさを考慮する必要があります。どういうことかというと、**図3-3**左のように追い口が開いていくと実際の木では早い段階で中央図のように縦方向に裂けが生じツルが形成されます。したがってこのモデルでも、追い口終端から下方向に裂けが生じてツルが形成された状態で解析を行いました。解析によって確かめたいのはツルの後ろ側（追い口側）の応力ですので、解析に影響のない（力のかからない）部分、つまり中央図での斜線部分は取り除き、右図のようなモデルとしました。このことによってツルの後ろ側を見やすくしました。

　そして、**図3-4**のように斜め切りと下切りを切り過ぎたモデルを

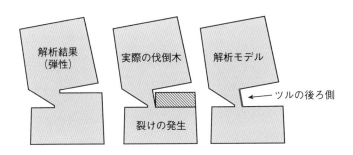

図 3-3　実際の伐倒木の状況に近づけた解析モデル
ツル後ろ側（追い口側）の応力を見たいため、右図のような解析モデルとした

それぞれ作り解析しました。追い口終端から縦方向への裂け到達点は、斜め切りを切り過ぎたモデルはD点の高さまで、下切りを切り過ぎたモデルはA点の高さまでとしています。なお、**図3-5** から**図3-8** のモデルでは切り過ぎの長さは5cmとしています。

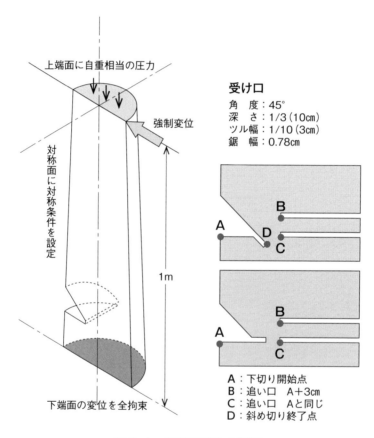

受け口

角　度：45°
深　さ：1/3（10cm）
ツル幅：1/10（3cm）
鋸　幅：0.78cm

A：下切り開始点
B：追い口　A+3cm
C：追い口　Aと同じ
D：斜め切り終了点

上端面に自重相当の圧力

強制変位

対称面に対称条件を設定

1m

下端面の変位を全拘束

図3-4　解析モデルの詳細

斜め切りの切り過ぎ、下切りの切り過ぎ、追い口高さの違いによって、ツル後ろ側（追い口側）の応力にどのような変化が生じるかを解析した

斜め切りを切り過ぎた場合

　斜め切りを切り過ぎた場合、切り過ぎ部分がふさがると、受け口がふさがってツルが切れるのと同じしくみでツルの後ろ側に大きな引っ張る力がかかります。追い口高さが高い方がツルの最下点に集中して力がかかっています（**図3-5**）。大きな力はグレー色で表されています。また、追い口が低い場合でもツルの後ろ側に大きな力がかかります（**図3-6**）。そのため、伐倒試験で得られた結果が示すように、ツルが急に破断することが多い原因だと考えられます。

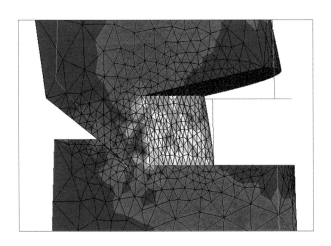

図3-5　斜め切りの切り過ぎ・追い口高さが高い場合の解析結果
切り過ぎ部分がふさがった時点で、ツルの後ろ側に大きな引張力が加わり、特にツルの最下点に集中するという解析結果だった

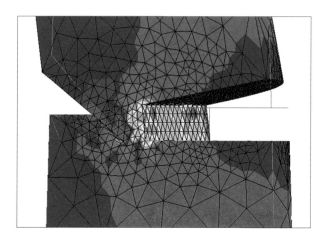

図 3-6　斜め切りの切り過ぎ・追い口高さが低い場合の解析結果

追い口高さが低い場合も同様に、切り過ぎ部分がふさがった時点で、ツルの後ろ側に大きな引張力が加わることが分かった

下切りを切り過ぎた場合

　下切りを切り過ぎた場合、追い口が高いとほかの場合と比較してややツルの後ろ側の張力が低い傾向が見られます（**図3-7**）。**図3-5**、**図3-6** と比較すると、大きな力を表すグレー色部分が少ないです。ツルが壊れるほどの力がかからないと、少し傾いただけで止まってしまうストールが発生することが考えられます。ストールが発生すると追い口を広げることが困難となり、クサビを打ち込むのに大変な労力を要しますし、ツルが急に破断しますので退避に十分な時間が確保できなくなります。また、追い口が低い場合はツルの後ろ側の張力が高いだけでなく、追い口終端の上方向の力が大きくかかり、裂け上がりのリスクが高くなることも分かりました（**図3-8**）。

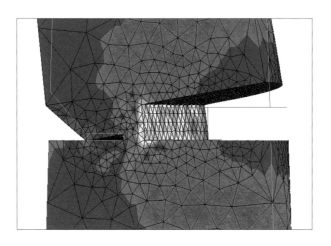

図 3-7　下切りの切り過ぎ・追い口高さが高い場合の解析結果

斜め切りの切り過ぎの場合と比べ、ツルの後ろ側にかかる力が小さく、切り過ぎ部分がふさがった時点で傾きが止まってしまうこと（ストール／ Stall）が考えられる

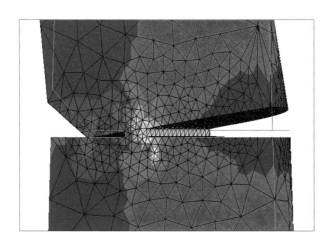

図 3-8　下切りの切り過ぎ・追い口高さが低い場合の解析結果

ツルの後ろ側の張力が高いだけでなく、追い口終端の上方向の力が大きくかかり、裂け上がりのリスクが高くなる

まとめ　受け口切りの不一致が招くリスク

　受け口切りの不一致について切り過ぎの長さが3/8インチ（0.95 cm）以上で不具合が発生すると記載された文献*があります。**図3-9**では下切りを切り過ぎた長さが、3/8インチ、3 cm、5 cmのモデルで、切り過ぎた部分がふさがった時の傾きと力のかかり方を示しています。切り過ぎた長さが長くなるほど、幹が傾かない状態で受け口の切り過ぎ部分がふさがっていることが分かります。また、切り過ぎ部分が長いほど、追い口終端で上方向へ裂ける可能性が高いことも分かりました。

　斜め切りの切り過ぎと下切りの切り過ぎ、いずれの場合でも受け口切りの不一致を生じると、切り過ぎた部分がふさがった時、すなわち木が少し傾いただけでツルの後ろ側が切れる可能性が高いことが分かりました。木はツルの制御を受けずに倒れていくことになり大変危険です。また、今回の伐倒試験、モデル解析では引き抜け（ヤリ）が生じるかどうかまでは分かりませんでしたが、下切りの切り過ぎと低い追い口高さの組み合わせでは、ツルの破壊だけでなく裂け上がりの可能性も高くなり、リスクが増えることも明らかとなりました。この組み合わせは絶対に避けなければなりません。

　過去の見解をもう一度見てみましょう。
　・倒伏初期にツルが壊れる
　・伐倒方向が制御できなくなる
　・裂け上がりが生じる

---

* JEPSON, J. (2009) TO FELL A TREE. -A Complete Guide to Successful Tree Felling and Woodcutting Methods. 160pp, Beaver Tree Publishing, USA.

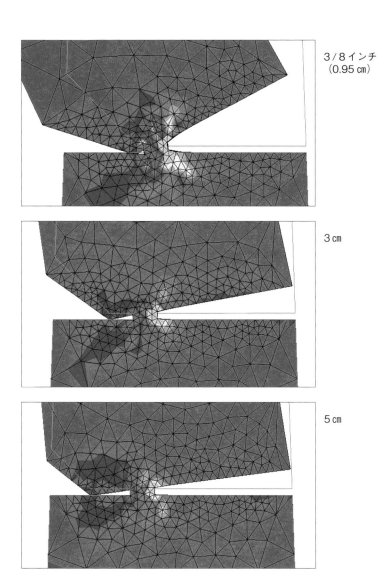

3/8インチ
（0.95 cm）

3 cm

5 cm

図 3-9　切り過ぎた下切りがふさがった時の傾きと応力

切り過ぎが多いほど、少し傾いただけで鋸道がふさがり、力が加わる方向が上方向
になることが示された

・倒伏途中で止まってしまう（ストール／Stall という現象）

・ツルの機能が低下し早く倒れる、引き抜けが生じる

・ツルの強度が低下

　今回の伐倒試験、モデル解析の結果からは、引き抜けを除いていずれも起こりうる危険を表現していることが分かりました。また、受け口切りの不一致は起こしてはいけないと再確認できました。切り過ぎ長さが3/8インチ（約1cm）より短い場合には全く問題がないとは証明できませんでしたが、切り過ぎ部分がふさがった時の幹の傾きが受け口角度が小さい場合と同じですので、大きく作った受け口角度を生かしきれていない状態であることは間違いありません。

ツル幅が均一にならない

ツル幅の不均一についての見解

　チェーンソーにはスパイクが備わっており、それを利用することで楽に鋸断を進めることができます。しかし、作業者から見てガイドバーの先は立木の反対側となり見えにくいので、ツルを切り過ぎることや逆に切り足らないことが起こります (**図 3-10**)。また、スパイクを利用しない場合にも、追い口終端が受け口会合線と平行でない状態になることがあり、このことを「ツル幅の不均一」と呼びます。

　ツル幅が不均一な状態で伐倒した際に生じる現象として、過去の技術書にはさまざまな見解が載っています。主なものを列挙すると、

　　・ツル幅の厚い方へ引かれる (ひねられる)

　　・ツルの前端 (受け口会合線) の直角方向が伐倒方向となる

　　・ツルの中心線の直角方向が伐倒方向となる

　　・片側だけ広すぎるツルは伐倒方向が狂う

・ツルの高い方やツルの年輪の細かい方へ引かれる

　これらの見解をざっと整理すると、**図 3-11** Aのように「ツルの厚い方に引かれる」という国内の技術書に多い見解と、Bのように「受け口会合線と直角方向に倒れる」とする北欧の技術書に多い見解、そのほかCのように「ツルはその中央線の直角方向が伐倒方向となる」という見解に分かれます。一体どれが正しいのでしょうか？

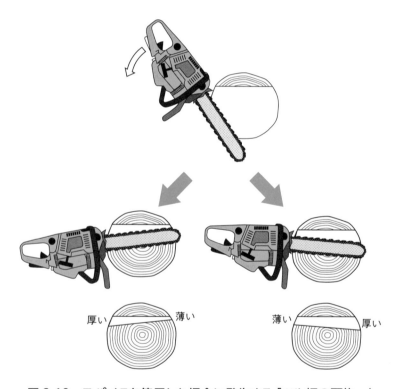

図 3-10　スパイクを使用した場合に発生する「ツル幅の不均一」
ガイドバーの先は立木の反対側となり見えにくいので、ツルを切り過ぎることや逆に切り足らないことが起こる

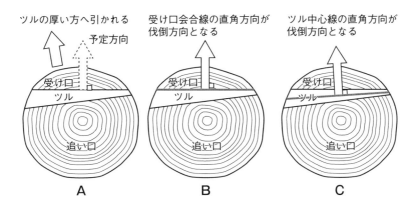

図 3-11　ツル幅が不均一な場合の伐倒方向（3つの見解）

ツル幅が不均一な場合、ツルの厚い方へ引かれる、受け口会合線の直角方向、ツル中心線の直角方向という3つの見解に分けられる

検証　伐倒試験で伐倒方向を確かめる

　スギとカラマツで伐倒試験を行ってみましたが、明確にツルが厚い方に倒れるという結果は得られませんでした。この試験の際には上部の枝張りや重心位置の測定を行っていませんので明確なことは分かりませんが、受け口会合線と直角方向に倒れるという見解に近い結果でした。

検証　モデル解析で内部の力を見る

　次にモデルによる解析を試みます。ツルの後ろ側を観察するため、受け口切りの不一致の解析と同様に、斜線部分を取り除いたモデルとします（**図 3-12**）。

　図中D‐E（受け口会合線を上から見た線）とF‐G（追い口終端線）が正常なツルとします。解析したモデルではF‐Gを変化させ、ツルがD‐EとH‐G（ツルの一方が厚い）、D‐EとF‐I（ツルの一方が薄い）という2つのモデルで解析を行いました。

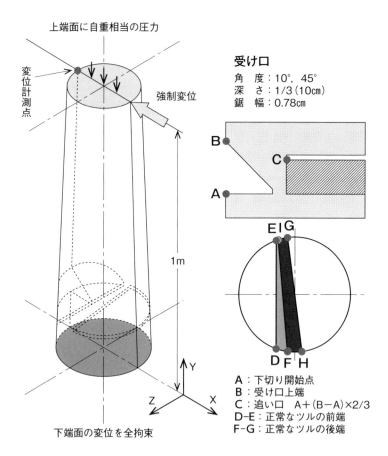

上端面に自重相当の圧力

変位計測点

強制変位

1m

Y

Z **X**

下端面の変位を全拘束

受け口
角　度：10°，45°
深　さ：1/3（10cm）
鋸　幅：0.78cm

B
C
A

E **I** **G**

D **F** **H**

A：下切り開始点
B：受け口上端
C：追い口　A＋（B－A）×2/3
D‐E：正常なツルの前端
F‐G：正常なツルの後端

図 3-12　解析モデルの詳細
ツルが図中D‐EとH‐G（ツルの一方が厚い）、D‐EとF‐I（ツルの一方が薄い）という2つのモデルで解析した

　解析の結果、ツルの一方が厚いモデル、一方が薄いモデルの両方とも、ツルの厚い側の後ろ側から破壊が進む可能性が高いことが分かりました（**図 3-13**）。このことから、次の 2 つが考えられます。

　ツルの強度が弱い場合は、ツルの厚い側の後ろ側から破壊が進み、ツルの左右で厚みの差がなくなっていくことになる（均一なツル幅に近くなる）ので、受け口会合線に直角に倒れることが想定できます。

　一方、ツルの強度が強い場合は破壊が進まず、不均一なツル幅のまま折れ曲がることとなり、ツルの中心線に直角に倒れることが考

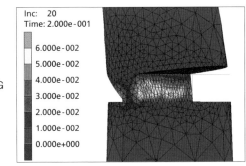

ツル幅：広い　D–E、H–G

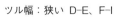
ツル幅：狭い　D–E、F–I

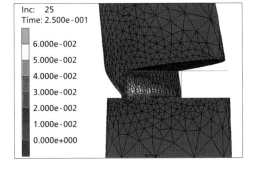

図 3-13　ツル幅が不均一な場合の解析結果

ツル幅が不均一なモデルでは、一方が厚い場合と一方が薄い場合のどちらとも、厚い側の後ろ側からちぎれていく可能性が高い解析結果となった

えられます。

　また、モデルの変位計側点の動きを見ると、ややツルの厚い側へ動くことも明らかとなりましたが、ヒノキでツル幅の不均一を起こした伐倒試験例*によると、ツルの中心線直角方向の少しツルが薄い側に倒れた事例も報告されています。つまり、倒れる途中にツルの後ろ側がどれだけ破壊してしまうかによって、伐倒方向が変わってきます。北欧の技術書に多い考え方は、ツル部分の引張強度の弱い樹種に言えることであり、国内の技術書に多い考え方は、ツル部分の引張強度が強い樹種についてあてはまることとなります。

　理想的なツルは幅が一定の帯状であると考えられそうですが、そうとも限りません。そもそも、チェーンソーのガイドバーは少しカーブしていますので、受け口会合線を1回で切っても直線にはなりません（図3-14 A）。当然、追い口終端も同じことが起こります。

　また、かつて斧で受け口を作成していた頃には図3-14 Bのような形状が用いられていたようです。さらに三つ紐切りの時代にはツルは左右で独立したものとなっていました。

　これらのようにツルでもっとも重要な部分は両端付近にあることが分かります。木が太くなると受け口側から芯切りをすることもよく行われていますが、左右のツルが十分であれば正しく倒れます。根元に弱点を作って木を折り倒すという伐倒の原理を考えると、離れていても左右にしっかりしたツルがあれば方向が変わることなく倒れていくことが分かります。ドアの蝶番を中央に丈夫なものを付けるより、離して2カ所付けた方が安定するのと同じことです（図3-15）。

---

*広部伸二・加利屋義広（2012）　チェーンソー伐倒における方向規制の適正化. 林業機械化推進研修・研究協議会　協議会会報7：13～16

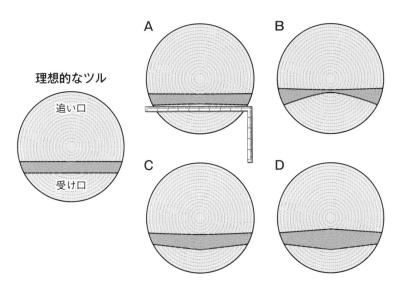

図 3-14　平行ではないツルの形状の例

Aは一般的にありうる例、Bは斧で受け口を作った例、C、Dは伐倒方向が定まらない悪い例

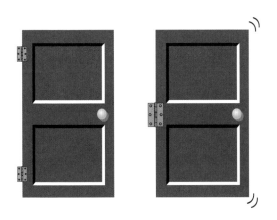

図 3-15　ツルと蝶番の関係

ツルはドアの蝶番と同様、両側2カ所にあれば伐倒方向を制御できる（左）。
一方、中央の1カ所では伐倒方向を制御しにくい（右）

一方、**図 3-14** C や**図 3-14** Dのようにツルの両端以外に強度の高い（ツル幅の厚い）場所を作ると正しく折れ曲がらないことは簡単に想像がつきます。このようにツルは両端が重要ですので、片側が極端に薄いツルはその機能を十分に発揮できないことにつながります。

まとめ　ツル幅の不均一と伐倒方向

ツルが強いとツルの中心線に直角方向へ、ツルが弱いと受け口会合線に直角方向へ伐倒方向が近くなると考えた方が良さそうです。木の材質はさまざまですので、ツル幅を変えて伐倒方向を制御しようとするのはやめた方が良いでしょう。ドイツの林業技術書「Der Forstwirt」の見解である、「片側だけ広すぎるツルは伐倒方向が狂う」がもっとも妥当な気がします。木の重心位置が偏っている場合、ツルを保全する目的でツルの厚みを変えることが多くの技術書に載っていますが（**図 3-16**）、それ以外の場合では受け口会合線と追い口終端はなるべく平行になるようにした方が良いと思います。

また、木がツルの部分で折れて倒れることを考えると、ツルの両端が同じくらいの強度であることが望ましいと言えます。極端に片側が薄いと方向を制御することが難しくなります。また、中央付近が厚いなど折れ曲がりを邪魔するようなツルの形状も避けなければなりません。

なお、「ツルの年輪の細かい方へ引かれる」という見解は、今回の試験や解析ではその妥当性を明らかにすることはできませんでした。技術書によっては「ツルの高い方へ引かれる」と記載がありま

すが、受け口側から見たツルの高低のことでしたら、後述の受け口
会合線の傾きについての見解で説明できます。

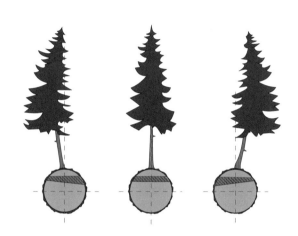

図 3-16　ツルを保全するための「ツル幅の不均一」
ドイツの林業技術書「Der Forstwirt」には、偏心木の伐倒時にツルがちぎれない
ようにする目的で、偏心方向と逆側のツルを厚くする技術が解説されている

受け口会合線や追い口が傾く

受け口会合線はなぜ水平でなければならないか

　さまざまな見解がある伐倒の技術書の中で、各国共通の事項が2つあります。それは、幹がほぼ垂直に生えている木に対しては、受け口会合線と追い口は水平に作るということです。

　受け口会合線を水平に作るというのは、受け口の斜め切りと下切りを水平になるように一致させるということです。斜め切りと下切りの一致も初心者には難しいことなのですが、さらに受け口会合線を水平に仕上げる必要があるのです。受け口切りには斜め切りを先に作ることを推奨している技術書と下切りを先に作ることを推奨している技術書に分かれていますが、いずれにしても最初の鋸断の切り終わりを水平にしておかないと受け口会合線は水平になりません。受け口鋸断の順序は作業者それぞれで好みを選択すれば良いのですが、必要なときに水平に鋸断できるようチェーンソー操作技能を身につけておく必要があります。

　受け口会合線が水平でないといけないのは伐倒方向が狂うからです。例えばせっかくチェーンソーのガンマークで受け口の方向を定めても、受け口会合線が傾いていると伐倒方向がズレていきます。**図 3-17** のように箸の袋のような紙を直角に曲げるとまっすぐ折れ曲がります（左）。折れ曲がった線が受け口会合線だと考えてください。これがもし水平でなく傾いていると、まっすぐ折れ曲がりません（右）。受け口の向いている方へ倒れないことになります。

　傾斜のない場所で受け口がふさがらず木が倒れる場合、受け口会合線の角度と伐倒方向のズレは**図 3-18** の通りです。受け口会合線の傾きと伐倒方向のズレは、会合線の傾き 10°程度まではほぼ同じ角度のズレとなります。ちなみに、1°伐倒方向のズレが生じると、15 m 先では 26cmズレることになります。5°では同じく 1.3 m ズレてしまいます。

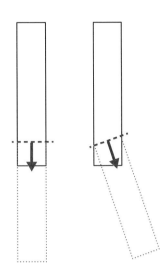

**図 3-17　受け口会合線の傾きによる
　　　　　伐倒方向の変化**

左のように受け口会合線が水平な場合は受け口の向いている方向に倒れるのに対し、右のように水平でなく傾いている場合は、受け口の向いている方向からズレて倒れる

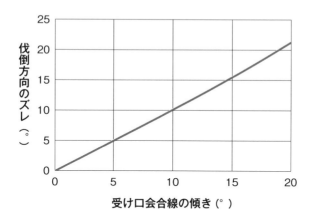

図 3-18　受け口会合線の傾きと伐倒方向のズレ
受け口会合線が 10°傾くと、伐倒方向も約 10°ズレる

追い口は水平よりも終端の位置が重要

　追い口が傾き、一部あるいは全部が受け口会合線より下に下がってしまった場合は上向きのクラックが想定されます。このような追い口は本書の2章「追い口の高さ―裂けとの関係」で問題点を指摘したところです。

　一方、**図3-19** のように追い口が前下がりに傾いていても、追い口終端が受け口会合線と平行であり、追い口高さが受け口会合線より 2.5cm高いという状態も考えられます。このような場合は水平な追い口と力学的には変わりありません。ただ、追い口鋸断の長さが少しだけ長くなることと、クサビで上げる際に効率が悪くなることが考えられます。

　また、木は縦方向に裂けやすい性質があるため、追い口が水平でなくても次のような条件を満たせばほぼ正しく倒れます。

　・上から見て追い口終端が受け口会合線と平行である

　・追い口終端が受け口会合線より下にならない

　・追い口終端が受け口会合線より 2.5cm 高く、受け口上端までの範囲に収まっている（**図3-20**）

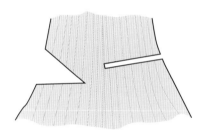

図3-19　前下がりの追い口
追い口が前下がりになっただけでは、水平な追い口と力学的な違いはない

図3-20　斜めの追い口
受け口会合線より 2.5cm 以上高く、受け口上端より低い範囲に追い口を入れれば、傾いていてもほぼ正しく倒れる（上から見て追い口終端が受け口会合線と平行な場合）

　さらに、海外のように金属製のクサビを利用する際や、フェリングレバーを用いる際に高さの違う追い口を2方向から入れることがありますが、追い口に段差がついていてもそれぞれの追い口終端が受け口会合線と平行で一直線上にあれば問題なく倒すことができます（図3-21）。

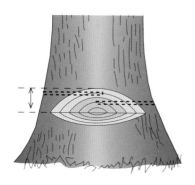

図3-21　段差をつけた追い口
段差をつけて2方向から作る追い口もあり、問題なく倒すことができる（それぞれが適正な追い口高さの範囲にあり、上から見て2つの追い口終端が一直線かつ受け口会合線と平行な場合）

受け口・追い口・
ツルの考え方

伐倒技術は経験則による 目安と考えよう

過去の技術書と伐倒試験・モデル解析から 分かったこと

　本書の１章では、過去の技術書をひもとき、伐倒に関する技術の変遷と海外から日本へ伝わった伐倒技術の紹介から、現在の国内の伐倒技術がどのように決められたかを見てきました。また、海外の伐倒技術にも触れながら、その中に記述されている受け口・追い口・ツルの基準を整理し、海外の技術の成り立ちと類似点と相違点を解説しました。

　２章では、それらの技術が妥当なのかを、実際の伐倒試験とモデル解析によって確かめました。特に、一般的な受け口とオープンフェース受け口による技術において、もっとも違いの大きい追い口高さの考え方を、ツルや追い口終端部にどのような力が加わるかを力学的に解析して検証しました。

　３章では、実際の伐倒作業でよく見られる、受け口会合線の不一

致、ツル幅の不均一、傾いた受け口会合線・追い口という鋸断の失敗が、伐倒作業にどのようなリスクを及ぼすかをモデル解析結果を交えて解説しました。

　本書のまとめとして、それらの解説を以下にまとめてみましょう。

受け口の角度

・受け口の角度は元玉の価値を最大限に活かすため、日本では30〜45°の角度が採用された。諸外国の角度より小さい値が採用されている。

・受け口角度が大きいことによる不具合は、材が無駄になる以外に報告されていない。

・受け口の角度はツルが曲がることのできる角度と同じ。受け口がふさがるとツルに引っ張る（上に引き抜く）力がかかり切れるので、受け口角度が大きいほどツルが長く保持され木を支える。

・受け口がふさがるとツルが切れるまで幹には曲げ応力がかかる。

受け口の深さ

・受け口深さは伐根直径の1/5〜1/3で推移してきたが、浅い受け口によるトラブルの防止と、チェーンソーによる切り過ぎを防止するため、「深い受け口が望ましいがチェーンソーを使うと切り過ぎの恐れがあるので、やや浅めの1/4を狙って確実に受け口を作ること」ということで1/4以上に決まった。

・受け口を深めに作ると、ツルの長さが長くなり、ツル幅が年輪の影響を受けにくくなる。

追い口の高さ

・国有林の作業基準においては、追い口高さは伐倒後のサルカ（ゲタ: **図2-31**）の取り除きなど元口の切り直しを少なくするため、受け口上端に近い高さと決められた。

・現在の追い口高さは、国有林と民有林の作業と整合性を取り、受け口上端より少し下という意味で受け口高さの2/3と決められた。

・追い口終端は、上方向の裂けが発生するので、受け口会合線より低くなってはならない。

・追い口高さは、小径木では受け口会合線より少なくとも2.5cm（1インチ）以上高く、受け口上端より低くすると追い口終端から上に裂けにくくなる。

・北欧式のように追い口を受け口会合線と同じ高さに鋸断する場合は、幹に曲げ応力をかけないよう受け口角度を広くすることと、ツルが必要以上に厚い状態で倒伏が始まらない追いツル切りなどの鋸断手順を採用すること。

受け口切りの不一致

・受け口切りの不一致はツルの早期破断につながる。

・切り過ぎ長さが長いほど影響が大きい。

・受け口切りの不一致で、下切りの切り過ぎ＋受け口会合線と同じ高さの追い口の組み合わせでは、幹の裂け上がりを生じる危険性が高い。

ツルの幅

・ツル幅は統一基準として数値化しにくく、1/10という数値もあ

くまで目安として示された。

・追い口終端は上から見て受け口会合線と平行でないと、ツル幅の不均一を起こす。

・ツル幅が不均一な場合、立木の材質によって会合線に直角に倒れる場合やツル幅の大きい方へ傾いて倒れる場合がある。ツル幅を変えて伐倒方向を制御するのは不確実で推奨できない。

・ツルの保全を目的として片側を厚く残すことはあっても、ツル幅が不均一だと伐倒方向が狂うことがある。

受け口会合線の水平・傾き

・受け口会合線は水平に作らないと伐倒方向がズレる。

・追い口終端が受け口会合線より高く、上から見て受け口会合線と平行であれば、段がついていても、追い口が斜めになっていてもツルが機能する。

「木の切り方はいつも同じではない」

　伐倒技術にはさまざまな流儀のようなものが存在します。林業では「谷が違うと技術が違う」と言われるように、近隣であっても担当する事業体が違うと異なる考え方の基に技術が変わることがあります。

　林業の作業においては同じ木が2本とないように、その都度条件が変わるため、経験則を基にできあがった技術もバリエーションの多いものとなるのは当然のことと言えるでしょう。同じ現象を見ても表現やクローズアップする部分が違うため、さまざまな見解が生まれる原因となったと考えられます。ましてや伐倒する樹種が違う

と生じる現象そのものが異なることもあり、技術の伝承をより難しくしているのです。本書ではそのような部分に少しでも迫ることができたらと思っていました。しかしながら、伐倒の複雑さを前にして十分に切り込めなかった部分も多くあります。

　また、伐木作業では、チェーンソーでの鋸断以外にも周囲観察に基づく危険予知など、認知、判断も重要な要素です。本書の中ではこのような現場で行う認知や判断について触れていません。筆者は伐倒という現象を解明すべく伐倒試験や解析を行ってきましたが、認知や判断を語るほど経験を積めていないのがその理由です。ただ、このような仕事に携わったことから、伐倒に関する角度や数値を画一的に決めることの難しさは痛感しました。1つの現場での正解をほかの現場にあてはめることができないことも多いのです。

　1969年の「伐木造材作業基準・解説No.40」に「受け口は、樹種、樹形、地形、枝の張り具合、木の傾き具合、伐倒方向、などにより、受け口を作る位置、大きさ、角度などが異なる」とあります。受け口だけではありません。追い口やツル幅もこれらの条件によって変わっていきます。林業は産業であり、生産される商品の価値を最大化することも考慮しなければなりません。伐倒に関する角度や数値を画一的に決めることは本来難しいことなのです。経験則としてさまざまな試行錯誤の上、現在のような技術が目安として決められていると理解してください。「木の切り方はいつも同じではない」のです。

力学的な基本原則の理解を

　木を寝かす際には根元に弱点を作り折り倒していきます。そのときの折り目にあたるのがツルです。ツルをどれだけ保持するかを決めるのが受け口角度でした。

　折り目としてのツルの機能を確保するために重要なのは、受け口深さとツル幅でした。受け口深さはツルの長さを決めると同時に年輪の影響を調整します。ツルは折れていくときのガイドとして機能しますが、その幅（厚み）によって折れやすさが変わります。木の材質に合わせて、ガイドとして十分な強度かつ折れやすさとなるよう、幅と形を調整する必要がありました。

　追い口高さは位置によっては年輪の影響を緩和しますが、追い口終端からの裂けやすさや、ヤリの発生に影響を与えました。これらが本書でお伝えしたかった力学的な基本原則となります。

　現在の伐倒の国内基準については、力学的に合理的なものとなっています。古くからの経験則の裏付けもあり、それぞれの見解に微妙な違いがあるものの、どの技術書も間違いではありません。しかし、国内基準の数値は場合によって変える必要があるのです。過去の「伐木造材作業基準」にそのことははっきり記載されていたのですが、現在の技術書からは欠落してしまっています。樹種や木の形状、生育状態などにより加減していくことが必要で、適切な判断をその都度作業者の方は行う必要があるのです。その判断の際に力学的な基本原則を思い出していただき、安全に作業を行っていただければ幸いです。

まとめ

参考文献

小田桐久一郎 (2012)　小田桐師範が語る　チェーンソー伐木の極意．全国林業改良普及協会

辻隆道(1995)　吉野川流域の伐出技術－吉野川の木ながしおよび三好地域の伐出．吉野川流域林業活性化センター

辻隆道・林寛(1989)　労働安全のアドバイス．林業科学技術振興所

辻隆道(1991)　山子の民族誌－山で働く人々の生活と労働．清文社

大西鼎(1907)　実用森林利用学(上巻)．六盟館

綱島政吉(1924)　本邦ニ於ケル伐木及造材用器具機械ニ関スル調査．林業試験場研究報告 24

中原正虎(1930)　実用伐木運材法．三浦書店

關谷文彦(1941)　伐木運材図説．賢文館

林業機械化協会(1960)　伐木造材作業基準・解説(No.14)．林業機械化協会

林業機械化協会(1969)　伐木造材作業基準・解説(No.40)．林業機械化協会

林業機械化協会(1984)　伐木造材作業基準・解説(No.68)．林業機械化協会

米国農務省(1952)　伐木運材ハンドブック．林業機械化協会

ヒルフ H.H.・プラッツエル H.B.(1970)　図解による伐木造材作業法．日本林業調査会

スウェーデン林野庁(1983)　チェーンソー－使い方と点検整備．エレクトロラックスジャパン

Kuratorium für Waldarbeit und Forsttechnik & Arbeitsausschuss der Waldarbeitsschulen der Bundesrepublik Deutschland (Hrsg.). (2011, 2015)　Der Forstwirt

ARD,T. and ERIKSSIN,S. (2000)　Fell a tree with the open-notch-amd-bore method. Grounds maintenance 35(7) : 33-34

JEPSON, J. (2009)　TO FELL A TREE. -A Complete Guide to Successful Tree Felling and Woodcutting Methods. 160pp. Beaver Tree Publishing, USA.

広部伸二・加利屋義広(2012)　チェーンソー伐倒における方向規制の適正化．林業機械化推進研修・研究協議会　協議会会報7 : 13 ～ 16

索引

169

著者紹介

上村 巧 (うえむら たくみ)

　1965 年大阪府生まれ。京都府立大
学農学部林学科卒業。博士（農学）。
　1988 年 4 月、林野庁に入庁、林業
試験場機械化部（当時）に配属。現在、
国立研究開発法人 森林研究・整備機
構 森林総合研究所 林業工学研究領域
伐採技術担当チーム長。

　研究テーマは林業用ワイヤロープと架線集材に関する試験研究、
労働安全性向上を含むかかり木処理と伐倒に関する研究、竹の効率
的な伐採搬出に関する研究、高機能ハーベスタの開発など多岐にわ
たる。「伐木造材作業の労働安全性向上に関する研究」で 2012 年
度森林利用学会賞受賞。近年は林業大学校等で伐木技術の講義も受
け持っている。
　チェーンソー特別教育用テキスト「伐木造材作業者必携」（林
業・木材製造業労働災害防止協会）作成委員。労働安全衛生規則や
「チェーンソーによる伐木等作業の安全に関するガイドライン」の
改正を促した「伐木等作業における安全対策のあり方に関する検討
会」に参集者（委員）としてかかわる（同報告書は 2018 年 3 月公表）。

装 幀 　　㈱クリエイティブ・コンセプト（松田 晴夫）

狙いどおりに伐倒するために
伐木のメカニズム

2020年10月20日　初版第1刷発行
2021年1月30日　初版第2刷発行

著　者　上村 巧

発行者　中山 聡

発行所　全国林業改良普及協会
　　　　〒107-0052　東京都港区赤坂1-9-13　三会堂ビル
　　　　電話　03-3583-8461（販売担当）
　　　　　　　03-3583-8659（編集担当）
　　　　FAX　03-3583-8465
　　　　ご注文FAX　03-3584-9126
　　　　webサイト　http://www.ringyou.or.jp/

印刷・製本所　松尾印刷株式会社

ⓒTakumi Uemura 2020
Printed in Japan　ISBN978-4-88138-392-6

一般社団法人　全国林業改良普及協会（全林協）は、会員である47都道府県の林業改良普及協会（一部山林協
会等含む）と連携・協力して、出版をはじめとした森林・林業に関する情報発信および普及に取り組んでいます。
全林協の月刊「林業新知識」、月刊「現代林業」、単行本は、次のURLリンク先の協会からも購入いただけます。
　www.ringyou.or.jp/about/organization.html
〈都道府県の林業改良普及協会（一部山林協会等含む）一覧〉